工程衛士
建設管家

乙巳年春 [illegible]

建筑工程通用规范
知识竞赛题库（第一册）

安 徽 省 建 设 监 理 协 会
安徽省建设工程项目管理协会　编

合肥工業大學出版社

图书在版编目(CIP)数据

建筑工程通用规范知识竞赛题库．第一册/安徽省建设监理协会，安徽省建设工程项目管理协会编．--合肥：合肥工业大学出版社，2025．-- ISBN 978-7-5650-7224-6

Ⅰ．TU711-65

中国国家版本馆 CIP 数据核字第 2025KJ7527 号

建筑工程通用规范知识竞赛题库(第一册)

JIANZHU GONGCHENG TONGYONG GUIFAN ZHISHI JINGSAI TIKU(DI-YI CE)

安徽省建设监理协会
安徽省建设工程项目管理协会 编

责任编辑 郭 敬

出　版	合肥工业大学出版社	版　次	2025 年 5 月第 1 版
地　址	合肥市屯溪路 193 号	印　次	2025 年 5 月第 1 次印刷
邮　编	230009	开　本	787 毫米×1092 毫米　1/16
电　话	理工图书出版中心：0551-62903204	印　张	15.25　插　页　1 页
	营销与储运管理中心：0551-62903198	字　数	343 千字
网　址	press.hfut.edu.cn	印　刷	安徽联众印刷有限公司
E-mail	hfutpress@163.com	发　行	全国新华书店

ISBN 978-7-5650-7224-6　　定价：49.00 元

如果有影响阅读的印装质量问题，请与出版社营销与储运管理中心联系调换

前　　言

随着建筑行业由高速发展向高质量发展转型，工程监理作为工程建设的重要环节，担负着工程质量、进度和投资控制，合同和信息管理，协调工程建设各方关系的重要职责，其专业性和技术性要求日益提高。监理行业从业者不仅需要掌握扎实的理论基础，还需要具备丰富的实践经验和解决复杂问题的能力。为帮助广大监理行业从业者熟悉和掌握相关通用规范，促进工程监理人员系统学习和掌握行业技术标准，提高其业务能力和水平，进一步发挥工程监理作用，保障工程质量安全，在中国建设监理协会的指导下，安徽省建设监理协会精心编写这本试题汇编。

根据中国建设监理协会《关于举办首届全国工程监理行业知识竞赛的预通知》（中监协〔2024〕37号），安徽省建设监理协会组织专家，在首届竞赛规定的试题范围内，针对四部涉及工程质量安全的通用规范出题，形成本书。

本书以首届全国工程监理行业知识竞赛范围为依据，收录了安徽省为首届竞赛准备的全部真题。试题涵盖《建筑与市政工程施工质量控制通用规范（GB 55032—2022）》《混凝土结构通用规范（GB 55008—2021）》《施工脚手架通用规范（GB 55023—2022）》和《建筑与市政施工现场安全卫生与职业健康通用规范（GB 55034—2022）》四部涉及工程质量安全的通用规范，力求全面覆盖规范条文，突出重点、难点。

本书不仅可用于相关人员备战全国监理工程师资格考试，还可作为监理行业从业人员日常学习和能力提升的参考用书。希望这本书，能够帮助广大监理行业从业者系统掌握监理知识，提升解决实际问题的能力，胜任监理岗位。

最后，衷心感谢参与本书编写、评审的各位专家和学者的辛勤付出与不懈努力。同时，也感谢广大读者的信任与支持。在编写过程中，由于时间紧迫，内容难免存在不足，真诚希望读者提出宝贵意见。

本书编委会

2025年2月

目　　录

混凝土结构通用规范

【国标】

《混凝土结构通用规范》

GB 55008—2021

一、单选题

1. 依据 GB 55008—2021 的规定，对于有抗渗、抗冻、抗腐蚀、耐磨或其他特殊要求的混凝土，砂的含泥量和泥块含量分别不应大于(　　)。

A. 1.0%和 0.5%　B. 0.5%和 0.2%　C. 3.0%和 1.0%　D. 2.0%和 0.5%

正确答案：C

答案解析：见 GB 55008—2021　3.1.2

2. 依据 GB 55008—2021 的规定，对于混凝土结构中受压普通钢筋，当充分利用其抗压强度并需锚固时，其锚固长度不应小于受拉钢筋锚固长度的(　　)。

A. 60%　B. 70%　C. 80%　D. 85%

正确答案：B

答案解析：见 GB 55008—2021　4.4.5

3. 依据 GB 55008—2021 的规定，桥梁结构设计工作年限一般不低于 100 年，当使用期超过(　　)年时，应进行定期检测评估并加强维护。

A. 30　B. 50　C. 80　D. 100

正确答案：B

答案解析：见 GB 55008—2021　6.2.8

4. 依据 GB 55008—2021 的规定，混凝土结构分析应进行结构整体稳定分析计算和抗倾覆验算，并应满足工程需要的(　　)要求。

A. 安全性　B. 适用性　C. 经济性　D. 合理性

正确答案：A

答案解析：见 GB 55008—2021　4.3.5

5. 依据 GB 55008—2021 的规定，无特殊要求的结构混凝土中砂的坚固性指标不应大于(　　)。

A. 3%　B. 8%　C. 9%　D. 10%

正确答案：D

答案解析：见 GB 55008—2021　3.1.2

6. 依据 GB 55008—2021 的规定，含有(　　)成分的混凝土外加剂，不得用于饮水工程中建成后与饮用水直接接触的混凝土。

A. 六价铬　B. 氯盐　C. 碳酸铵　D. 早强剂

正确答案：A

答案解析：见 GB 55008—2021　3.1.4

7. 依据 GB 55008—2021 的规定，对于有抗渗、抗冻、抗腐蚀、耐磨或其他特殊要求的混凝土，粗骨料的坚固性指标不应大于(　　)。

A. 12%　　B. 10%　　C. 9%　　D. 8%

正确答案：D

答案解析：见 GB 55008—2021　3.1.3

8. 依据 GB 55008—2021 的规定，对混凝土结构进行正常使用阶段和施工阶段的作用效应分析时应采用符合(　　)的结构分析模型。

A. 弹性分析　　B. 塑性分析　　C. 工程实际　　D. 地震分析

正确答案：C

答案解析：见 GB 55008—2021　4.3.1

9. 依据 GB 55008—2021 的规定，并根据拆除物的处置规定，对可重复利用构件，应(　　)。

A. 进行重复利用或再生利用　　B. 拟定再生利用计划

C. 回收再生利用　　D. 考虑其使用寿命和维护方法

正确答案：D

答案解析：见 GB 55008—2021　6.4.7

10. 依据 GB 55008—2021 的规定，进行混凝土结构构件设计正截面承载力简化计算时，纵向预应力筋的应力取预应力筋应变与其弹性模量的乘积，且预应力筋应力(　　)。

A. 不应大于其抗拉强度设计值　　B. 不应大于其抗拉强度标准值

C. 不应小于其抗拉强度设计值　　D. 不应大于其屈服强度

正确答案：A

答案解析：见 GB 55008—2021　4.4.2

11. 依据 GB 55008—2021 的规定，混凝土房屋建筑结构中剪力墙的竖向和水平分布钢筋的配筋率，(　　)抗震等级时不应小于 0.20%。

A. 一级　　B. 二级　　C. 三级　　D. 四级

正确答案：D

答案解析：见 GB 55008—2021　4.4.7

12. 依据 GB 55008—2021 的规定，强度等级为 300MPa 的光圆钢筋的材料分项系数取值(　　)。

A. 1.10　　B. ≥1.10　　C. ≤1.10　　D. 1.25

正确答案：B

答案解析：见 GB 55008—2021　3.2.1

13. 依据 GB 55008—2021 的规定，混凝土柱箍筋在规定的范围内应加密，抗震等级为一级时，柱箍筋加密区箍筋的最小直径为(　　)mm。

A. 6　　B. 8　　C. 10　　D. 12

正确答案：C

答案解析：见 GB 55008—2021　4.4.9

14. 依据 GB 55008—2021 的规定，根据混凝土结构构件的最小截面尺寸规定，圆形截面框架柱的直径不应小于(　　)。

A. 200mm　　B. 250mm　　C. 300mm　　D. 350mm

正确答案：D

答案解析：见 GB 55008—2021　4.4.4

15. 依据 GB 55008—2021 的规定，混凝土结构普通钢筋材料分项系数取值不应小于(　　)。

A. 1.1　　B. 1.2　　C. 1.4　　D. 1.5

正确答案：A

答案解析：见 GB 55008—2021　2.0.4

16. 依据 GB 55008—2021 的规定，预应力筋-锚具组装件实测极限抗拉力不应小于母材实测极限抗拉力的(　　)。

A. 70%　　B. 75%　　C. 85%　　D. 95%

正确答案：D

答案解析：见 GB 55008—2021　3.3.1

17. 依据 GB 55008—2021 的规定，预制构件连接应符合设计要求，其中(　　)的钢筋搭接长度应符合设计要求，灌浆应饱满密实。

A. 套筒灌浆连接　　B. 浆锚搭接连接

C. 钢筋机械连接　　D. 螺栓连接

正确答案：B

答案解析：见 GB 55008—2021　5.5.1

18. 依据 GB 55008—2021 的规定，(　　)的混凝土结构或结构构件，当抗震设防烈度不低于 7 度（0.15g）时应进行竖向地震作用计算分析。

A. 小跨度、长悬臂　　B. 小跨度、短悬臂

C. 大跨度、长悬臂　　D. 大跨度、短悬臂

正确答案：C

答案解析：见 GB 55008—2021　4.3.6

19. 依据 GB 55008—2021 的规定，混凝土结构日常维护应检查结构外观与(　　)情况。

A. 裂缝　　B. 渗漏水　　C. 荷载变化　　D. 人为开洞

正确答案：C

答案解析：见 GB 55008—2021　6.2.1

20. 依据 GB 55008—2021 的规定，对设计工作年限为 50 年的承受重复荷载作用的钢筋混凝土结构构件，混凝土强度等级不应低于(　　)。

A. C25　　B. C30　　C. C35　　D. C40

正确答案：B

答案解析：见 GB 55008—2021　2.0.2

21. 依据 GB 55008—2021 的规定，混凝土保护层厚度不应小于普通钢筋的公称直径，且不应小于(　　)。

A. 10mm　　B. 15mm　　C. 20mm　　D. 25mm

正确答案：B

答案解析：见 GB 55008—2021　2.0.10

22. 依据 GB 55008—2021 的规定，对设计工作年限为 50 年、抗震等级不低于二级的钢筋混凝土结构构件，混凝土强度等级不应低于(　　)。

A. C20　　B. C25　　C. C30　　D. C40

正确答案：C

答案解析：见 GB 55008—2021　2.0.2

23. 依据 GB 55008—2021 的规定，对设计工作年限为 50 年的钢 - 混凝土组合结构构件的混凝土强度等级不应低于(　　)。

A. C25　　B. C30　　C. C35　　D. C40

正确答案：B

答案解析：见 GB 55008—2021　2.0.2

24. 依据 GB 55008—2021 的规定，监测期间(　　)的结构，应按照监测预警机制和应急预案进行处理。

A. 受台风影响　　B. 受洪水影响　　C. 有预警　　D. 高耸

正确答案：C

答案解析：见 GB 55008—2021　6.3.3

25. 依据 GB 55008—2021 的规定，采用 500MPa 及以上等级钢筋的钢筋混凝土结构构件，混凝土强度等级不应低于(　　)。

A. C20　　B. C25　　C. C30　　D. C40

正确答案：C

答案解析：见 GB 55008—2021　2. 0. 2

26. 依据 GB 55008—2021 的规定，混凝土结构高层建筑应满足(　　)重现期水平风荷载作用的振动舒适度要求。

A. 3 年　　B. 5 年　　C. 10 年　　D. 20 年

正确答案：C

答案解析：见 GB 55008—2021　4. 2. 3

27. 依据 GB 55008—2021 的规定，对设计工作年限为 50 年的预应力钢筋混凝土梁的混凝土强度等级不应低于(　　)。

A. C25　　B. C30　　C. C35　　D. C40

正确答案：D

答案解析：见 GB 55008—2021　2. 0. 2

28. 依据 GB 55008—2021 的规定，对按一级、二级、三级抗震等级设计的房屋建筑框架和斜撑构件，其纵向受力普通钢筋性能应符合屈服强度实测值与屈服强度标准值的比值不应(　　)。

A. 大于 1. 2　　B. 小于 1. 3　　C. 小于 1. 2　　D. 大于 1. 3

正确答案：D

答案解析：见 GB 55008—2021　3. 2. 3

29. 依据 GB 55008—2021 的规定，混凝土结构中，普通受拉钢筋锚固长度不应小于(　　)。

A. 100mm　　B. 150mm　　C. 200mm　　D. 250mm

正确答案：C

答案解析：见 GB 55008—2021　4. 4. 5

30. 依据 GB 55008—2021 的规定，混凝土结构监测应设定监测预警值，监测预警值应满足(　　)及对被监测对象的控制要求。

A. 工程设计　　B. 工程监理　　C. 工程施工　　D. 监测设备

正确答案：A

答案解析：见 GB 55008—2021　6. 2. 7

31. 依据 GB 55008—2021 的规定，超过结构设计工作年限或使用期超过 50 年的桥梁结构应进行检测评估，且检测评估周期不应超过(　　)。

A. 5 年　　B. 10 年　　C. 15 年　　D. 20 年

正确答案：B

答案解析：见 GB 55008—2021　6.2.8

32. 依据 GB 55008—2021 的规定，拆除施工时发现不明物体和气体时应立即(　　)，并应采取临时防护措施。

A. 拍照留存　　B. 报告业主　　C. 停止施工　　D. 进行掩盖

正确答案：C

答案解析：见 GB 55008—2021　6.4.2

33. 依据 GB 55008—2021 的规定，对按一级、二级、三级抗震等级设计的房屋建筑框架和斜撑构件，其纵向受力普通钢筋最大力总延伸率实测值不应小于(　　)。

A. 7%　　B. 8%　　C. 9%　　D. 11%

正确答案：C

答案解析：见 GB 55008—2021　3.2.3

34. 依据 GB 55008—2021 的规定，预制钢筋混凝土实心叠合楼板的预制底板及后浇混凝土厚度均不应小于(　　)。

A. 50mm　　B. 80mm　　C. 160mm　　D. 200mm

正确答案：A

答案解析：见 GB 55008—2021　4.4.4

35. 依据 GB 55008—2021 的规定，当施工中进行混凝土结构构件的钢筋、预应力筋代换时，应依据(　　)。

A. 建设单位指令　　B. 设计变更文件

C. 监理通知单　　D. 施工单位代换申请

正确答案：B

答案解析：见 GB 55008—2021　2.0.11

36. 依据 GB 55008—2021 的规定，带加强层高层建筑结构的加强层及其相邻层的(　　)应设置约束边缘构件。

A. 框架柱　　B. 核心筒剪力墙

C. 框架柱梁　　D. 框架柱、核心筒剪力墙

正确答案：B

答案解析：见 GB 55008—2021　4.4.12

37. 依据 GB 55008—2021 的规定，对于卧置于地基上的钢筋混凝土板，板中受拉普通钢筋的最小配筋率(　　)0.15%。

A. 不应大于　　B. 应小于　　C. 不宜大于　　D. 不应小于

正确答案：D

答案解析：见 GB 55008—2021　4.4.6

38. 依据 GB 55008—2021 的规定，混凝土结构中预应力筋－锚具组装件总伸长率不应小于(　　)。

A. 2.0%　　B. 3.0%　　C. 4.0%　　D. 5.0%

正确答案：A

答案解析：见 GB 55008—2021　3.3.1

39. 依据 GB 55008—2021 的规定，房屋建筑错层处平面外受力的剪力墙的承载力应适当提高，剪力墙截面厚度不应小于 250mm，混凝土强度等级不应低于(　　)。

A. C25　　B. C30　　C. C35　　D. C40

正确答案：B

答案解析：见 GB 55008—2021　4.4.13

40. 依据 GB 55008—2021 的规定，抗震等级为二级时，房屋建筑混凝土框架梁支座处纵向受拉钢筋的最小配筋率不应小于(　　)%。

A. 0.40 和 $80f_t/f_y$（取较大值）　　B. 0.30 和 $80f_t/f_y$（取较大值）

C. 0.30 和 $65f_t/f_y$（取较大值）　　D. 0.40 和 $65f_t/f_y$（取较大值）

正确答案：C

答案解析：见 GB 55008—2021　4.4.8

41. 依据 GB 55008—2021 的规定，对于允许出现裂缝的混凝土构件，应根据构件类别与环境类别控制受力裂缝(　　)，使其不致影响设计工作年限内的结构受力性能、使用性能和耐久性能。

A. 形状　　B. 宽度　　C. 深度　　D. 贯穿

正确答案：B

答案解析：见 GB 55008—2021　2.0.8

42. 依据 GB 55008—2021 的规定，钢筋混凝土用砂的氯离子含量不应大于(　　)。

A. 0.01%　　B. 0.02%　　C. 0.03%　　D. 0.05%

正确答案：C

答案解析：见 GB 55008—2021　3.1.2

43. 依据 GB 55008—2021 的规定，结构混凝土采用的骨料具有(　　)时，应采取措施抑制碱骨料反应，并应验证抑制措施的有效性。

A. 碱活性　　B. 潜在碱活性

C. 碱活性及潜在碱活性　　D. 安定性不合格

正确答案：C

答案解析：见 GB 55008—2021　3.1.7

44. 依据 GB 55008—2021 的规定，含有(　　)的早强型普通减水剂、早强剂、防水剂等，不应用于预应力混凝土、钢筋混凝土和钢纤维混凝土结构。

A. 六价铬　　B. 亚硝酸盐　　C. 氯盐　　D. 硫氰酸盐

正确答案：C

答案解析：见 GB 55008—2021　3.1.4

45. 依据 GB 55008—2021 的规定，(　　)的混凝土转换梁的支座上部纵向钢筋至少应有 50%沿梁全长贯通，下部纵向钢筋应全部直通到柱内。

A. 偏心受压　　B. 轴心受压　　C. 偏心受拉　　D. 轴心受拉

正确答案：C

答案解析：见 GB 55008—2021　4.4.10

46. 依据 GB 55008—2021 的规定，C30 混凝土轴心抗压强度标准值取 20.1MPa，其强度设计值取值不应高于(　　)。

A. 9.6MPa　　B. 11.9MPa　　C. 14.3MPa　　D. 16.7MPa

正确答案：C

答案解析：见 GB 55008—2021　2.0.4

47. 依据 GB 55008—2021 的规定，装配式混凝土结构应根据结构性能以及构件生产、安装施工的(　　)要求确定连接构造方式并进行连接及节点设计。

A. 可靠性　　B. 安全性　　C. 经济性　　D. 便捷性

正确答案：D

答案解析：见 GB 55008—2021　4.1.4

48. 依据 GB 55008—2021 的规定，地表水、地下水、再生水在首次使用前应检测(　　)。

A. 含泥量　　B. 泥块含量　　C. 氧离子含量　　D. 放射性

正确答案：D

答案解析：见 GB 55008—2021　3.1.5

49. 依据 GB 55008—2021 的规定，混凝土结构中采用最粗普通钢筋的公称直径为 20mm，其混凝土保护层厚度不应小于(　　)。

A. 10mm　　B. 15mm　　C. 20mm　　D. 25mm

正确答案：C

答案解析：见 GB 55008—2021　2.0.10

50. 依据 GB 55008—2021 的规定，结构混凝土强度设计值应按其强度标准值除以材料分项系数确定，且材料分项系数取值不应小于(　　)。

A. 1.1　　B. 1.2　　C. 1.3　　D. 1.4

正确答案：D

答案解析：见 GB 55008—2021　2.0.4

51. 依据 GB 55008—2021 的规定，高强混凝土用粗骨料的含泥量和泥块含量分别不应大于(　　)。

A. 1.0%和 0.5%　　B. 0.5%和 0.2%　　C. 1.0%和 0.2%　　D. 2.0%和 0.5%

正确答案：B

答案解析：见 GB 55008—2021　3.1.3

52. 依据 GB 55008—2021 的规定，矩形截面框架梁的截面宽度不应小于(　　)。

A. 140mm　　B. 160mm　　C. 200mm　　D. 300mm

正确答案：C

答案解析：见 GB 55008—2021　4.4.4

53. 依据 GB 55008—2021 的规定，超过结构设计工作年限的桥梁结构应进行检测评估，且检测评估周期不应超过(　　)年。

A. 3　　B. 5　　C. 10　　D. 15

正确答案：C

答案解析：见 GB 55008—2021　6.2.8

54. 依据 GB 55008—2021 的规定，设计工作年限为 50 年的素混凝土结构构件的混凝土强度等级不应低于(　　)。

A. C20　　B. C25　　C. C30　　D. C40

正确答案：A

答案解析：见 GB 55008—2021　2.0.2

55. 依据 GB 55008—2021 的规定，高强混凝土用粗骨料的含泥量不应大于(　　)。

A. 0.2%　　B. 0.3%　　C. 0.5%　　D. 1%

正确答案：C

答案解析：见 GB 55008—2021　3.1.3

56. 依据 GB 55008—2021 的规定，混凝土拌合用水应控制 pH、(　　)、氯离子含量、不溶物含量、可溶物含量。

A. 碱活性　　B. 碱含量　　C. 亚硝酸盐　　D. 硫酸根离子含量

正确答案：D

答案解析：见 GB 55008—2021　3.1.5

57. 依据 GB 55008—2021 的规定，处于干燥环境中的结构钢筋混凝土中水溶性氯离子最大含量为(　　)。

A. 0.10%　　B. 0.15%　　C. 0.20%　　D. 0.30%

正确答案：D

答案解析：见 GB 55008—2021　3.1.8

58. 依据 GB 55008—2021 的规定，无特殊要求的结构混凝土用粗骨料的坚固性指标不应大于(　　)。

A. 3%　　B. 8%　　C. 10%　　D. 12%

正确答案：D

答案解析：见 GB 55008—2021　3.1.3

59. 依据 GB 55008—2021 的规定，进行混凝土结构上的作用及其作用效应计算时，直接承受动力及冲击荷载作用的混凝土结构或结构构件应考虑(　　)。

A. 温度作用及作用效应　　B. 偶然作用及其作用效应

C. 结构动力效应　　D. 混凝土收缩、徐变

正确答案：C

答案解析：见 GB 55008—2021　4.1.1

60. 依据 GB 55008—2021 的规定，混凝土结构工程(　　)执行 GB 55008—2021。

A. 宜　　B. 可　　C. 参照　　D. 必须

正确答案：D

答案解析：见 GB 55008—2021　1.0.2

61. 依据 GB 55008—2021 的规定，混凝土结构应根据结构的用途、结构暴露的环境和结构设计工作年限采取保障混凝土结构(　　)的措施。

A. 承载力　　B. 刚度　　C. 耐久性能　　D. 抗疲劳

正确答案：C

答案解析：见 GB 55008—2021　2.0.5

62. 依据 GB 55008—2021 的规定，对于机械拆除作业，严禁超越机械有效(　　)进行作业。

A. 作业半径　　B. 承载重量　　C. 作业高度　　D. 作业时间

正确答案：C

答案解析：见 GB 55008—2021　6.4.4

63. 依据 GB 55008—2021 的规定，当混凝土用砂的氯离子含量大于 0.003% 时，(　　)。

A. 水泥的氯离子含量不应小于 0.025%

B. 拌合用水的氯离子含量不应小于 250mg/L

C. 水泥的氯离子含量不应大于 0.025%

D. 拌合用水的氯离子含量不应小于 0.025%

正确答案：C

答案解析：见 GB 55008—2021　3.1.6

64. 依据 GB 55008—2021 的规定，剪跨比(　　)的混凝土柱，箍筋应全高加密，且箍筋间距不应大于 100mm。

A. 不大于 3　　B. 不大于 2　　C. 不小于 3　　D. 不小于 2

正确答案：B

答案解析：见 GB 55008—2021　4.4.9

65. 依据 GB 55008—2021 的规定，预应力混凝土楼板结构的混凝土强度等级不应低于(　　)。

A. C20　　B. C25　　C. C30　　D. C40

正确答案：C

答案解析：见 GB 55008—2021　2.0.2

66. 依据 GB 55008—2021 的规定，(　　)的混凝土结构或结构构件，当抗震设防烈度不低于 7 度时应进行竖向地震作用计算分析。

A. 高层　　B. 多层　　C. 大跨度、长悬臂　　D. 超高层

正确答案：C

答案解析：见 GB 55008—2021　4.3.6

67. 依据 GB 55008—2021 的规定，热轧钢筋 HRB500 最大力总延伸率不应小于(　　)。

A. 10.0%　　B. 9.0%　　C. 7.5%　　D. 5.0%

正确答案：C

答案解析：见 GB 55008—2021　3.2.2

68. 依据 GB 55008—2021 的规定，建设工程项目应具备完整的生产或服务能力，应与经济社会发展水平相适应，主要属于(　　)要素的规定。

A. 规模　　B. 布局　　C. 功能　　D. 性能

正确答案：A

答案解析：见 GB 55008—2021　前言

69. 依据 GB 55008—2021 的规定，潮湿但不含氯离子的环境中，钢筋混凝土中水溶性氯离子最大含量为(　　)。

A. 0.10%　　B. 0.15%　　C. 0.20%　　D. 0.30%

正确答案：C

答案解析：见 GB 55008—2021　3.1.8

70. 依据 GB 55008—2021 的规定，除悬臂板、柱支承板之外的板类受弯构件，当纵向受拉钢筋采用强度等级为 500MPa 的钢筋时，钢筋混凝土结构构件最小配筋率应允许采用(　　)。

A. 0.10%和 0.45f_t/f_y 中的较小值　　B. 0.15%和 0.45f_t/f_y 中的较小值

C. 0.10%和 0.45f_t/f_y 中的较大值　　D. 0.15%和 0.45f_t/f_y 中的较大值

正确答案：D

答案解析：见 GB 55008—2021　4.4.6

71. 依据 GB 55008—2021 的规定，抗震等级为二级时，房屋建筑混凝土框架梁端箍筋直径不大于 12mm 时，箍筋最大间距应取(　　)。

A. $h_b/4$，$6d$，100 的最小值　　B. $h_b/4$，$8d$，100 的最小值

C. $h_b/4$，$6d$，100 的最大值　　D. $h_b/4$，$8d$，100 的最大值

正确答案：B

答案解析：见 GB 55008—2021　4.4.8

72. 依据 GB 55008—2021 的规定，混凝土结构采用 HPB300 普通钢筋，其屈服强度标准值为 300MPa，其抗拉强度设计值取值不应高于(　　)。

A. 250MPa　　B. 270MPa　　C. 285MPa　　D. 300MPa

正确答案：B

答案解析：见 GB 55008—2021　2.0.4

73. 依据 GB 55008—2021 的规定，推荐性工程建设标准、团体标准、企业标准要与强制性工程建设规范协调配套，各项技术要求(　　)强制性工程建设规范的相关技术水平。

A. 不得低于　　B. 等同于　　C. 高于　　D. 无要求

正确答案：A

答案解析：见前言

74. 依据 GB 55008—2021 的规定，直接承受动力及冲击荷载作用的混凝土结构或

结构构件应考虑(　　)。

A. 温度应力　　B. 徐变　　C. 偶然荷载　　D. 结构动力效应

正确答案：D

答案解析：见 GB 55008—2021　4.1.1

75. 依据 GB 55008—2021 的规定，现浇钢筋混凝土实心楼板的厚度不应小于(　　)。

A. 100mm　　B. 90mm　　C. 80mm　　D. 60mm

正确答案：C

答案解析：见 GB 55008—2021　4.4.4

76. 依据 GB 55008—2021 的规定，预应力混凝土用砂的氯离子含量不应大于(　　)。

A. 0.01%　　B. 0.02%　　C. 0.03%　　D. 0.05%

正确答案：A

答案解析：见 GB 55008—2021　3.1.2

77. 依据 GB 55008—2021 的规定，根据拆除物的处置规定，对(　　)，应在取得建筑垃圾排放许可后再行处置。

A. 拆除的钢筋　　B. 破碎的混凝土

C. 多种材料的混合拆除物　　D. 切割的块体

正确答案：C

答案解析：见 GB 55008—2021　6.4.7

78. 依据 GB 55008—2021 的规定，为保证接头质量，Ⅱ级钢筋机械连接接头的实测极限抗拉强度 f^0_{mst} 与钢筋极限抗拉强度标准值 f 和钢筋屈服强度标准值 f_y 应符合(　　)。

A. $f^0_{mst} \geqslant f_{stk}$　　B. $f^0_{mst} \geqslant 1.10 f_{stk}$　　C. $f^0_{mst} \geqslant f_{yk}$　　D. $f^0_{mst} \geqslant 1.25 f_{yk}$

正确答案：A

答案解析：见 GB 55008—2021　3.3.2

79. 依据 GB 55008—2021 的规定，结构混凝土(　　)进行配合比设计，并应采取保证混凝土拌合物性能、混凝土力学性能和耐久性能的措施。

A. 宜　　B. 可　　C. 应　　D. 必须

正确答案：C

答案解析：见 GB 55008—2021　2.0.7

80. 依据 GB 55008—2021 的规定，对按一级、二级、三级抗震等级设计的房屋建筑框架和斜撑构件，其纵向受力普通钢筋抗拉强度实测值与屈服强度实测值的比值不应小于(　　)。

A. 1.15　　B. 1.25　　C. 1.30　　D. 1.35

正确答案：B

答案解析：见 GB 55008—2021　3.2.3

81. 依据 GB 55008—2021 的规定，钢筋套筒灌浆连接接头的实测极限抗拉强度(　　)连接钢筋的抗拉强度标准值，且接头破坏应位于套筒外的连接钢筋。

A. 应小于　　B. 必须小于　　C. 不应大于　　D. 不应小于

正确答案：D

答案解析：见 GB 55008—2021　3.3.3

82. 依据 GB 55008—2021 的规定，钢筋套筒灌浆连接接头的实测极限抗拉强度不应(　　)连接钢筋的抗拉强度标准值。

A. 大于　　B. 小于　　C. 等于　　D. 小于等于

正确答案：B

答案解析：见 GB 55008—2021　3.3.3

83. 依据 GB 55008—2021 的规定，混凝土结构采用预应力螺纹钢筋，其屈服强度标准值为 930MPa，其抗拉强度设计值取值不应高于(　　)。

A. 650MPa　　B. 770MPa　　C. 845MPa　　D. 930MPa

正确答案：B

答案解析：见 GB 55008—2021　2.0.4

84. 依据 GB 55008—2021 的规定，结构混凝土配合比设计应按照混凝土的力学性能、工作性能和(　　)要求确定各组成材料的种类、性能及用量要求。

A. 氯离子含量　　B. 混凝土配合比　　C. 刚度要求　　D. 耐久性

正确答案：D

答案解析：见 GB 55008—2021　3.1.6

85. 依据 GB 55008—2021 的规定，混凝土结构构件之间、非结构构件与结构构件之间的连接应满足被连接构件之间的(　　)性能要求。

A. 刚度协调　　B. 受力及变形　　C. 受力平衡　　D. 变形协调

正确答案：B

答案解析：见 GB 55008—2021　4.1.5

86. 依据 GB 55008—2021 的规定，预制构件连接应符合设计要求，其中螺栓连接还应符合的规定是(　　)。

A. 进行工艺检验和现场平行加工试件性能检验
B. 钢筋搭接长度应符合设计要求
C. 制作平行加工试件，并进行性能检验
D. 进行工艺检验和安装质量检验
正确答案：D
答案解析：见 GB 55008—2021 5.5.1

87. 依据 GB 55008—2021 的规定，混凝土结构用普通钢筋、预应力筋的强度标准值应具有不小于(　　)的保证率。

A. 85%　　B. 90%　　C. 95%　　D. 100%

正确答案：C
答案解析：见 GB 55008—2021 2.0.4

88. 依据 GB 55008—2021 的规定，下列各混凝土剪力墙结构中，剪力墙分布钢筋的最小配筋率应允许适当降低，但不应小于 0.15% 的是(　　)。

A. 房屋高度大于 10m 或超过三层
B. 房屋高度大于 10m 且不超过三层
C. 房屋高度不大于 10m 且不超过三层
D. 房屋高度不大于 10m 或超过三层
正确答案：C
答案解析：见 GB 55008—2021 4.4.7

89. 依据 GB 55008—2021 的规定，承受重复荷载作用的钢筋混凝土结构构件，混凝土强度等级不应低于(　　)。

A. C20　　B. C25　　C. C30　　D. C40

正确答案：C
答案解析：见 GB 55008—2021 2.0.2

90. 依据 GB 55008—2021 的规定，二级抗震等级设计的房屋建筑斜撑构件，其纵向受力普通钢筋性能应符合抗拉强度实测值与屈服强度实测值的比值不应(　　)。

A. 大于 1.25　　B. 大于 1.3　　C. 小于 1.3　　D. 小于 1.25

正确答案：D
答案解析：见 GB 55008—2021 3.2.3

91. 依据 GB 55008—2021 的规定，强制性工程建设规范中，(　　)主要规定了建设工程项目应具备完整的生产或服务能力，应与经济社会发展水平相适应。

A. 项目的布局要求　　B. 项目的规模要求
C. 项目的功能要求　　D. 项目的性能要求

正确答案：B

答案解析：见 GB 55008—2021 前言

92. 依据 GB 55008—2021 的规定，潮湿且含有氯离子的环境中，钢筋混凝土中水溶性氯离子最大含量不应超过(　　)。

A. 0.10%　　B. 0.15%　　C. 0.20%　　D. 0.30%

正确答案：B

答案解析：见 GB 55008—2021 3.1.8

93. 依据 GB 55008—2021 的规定，结构混凝土用水泥主要控制指标应包括(　　)、安定性、胶砂强度和氯离子含量。

A. 水泥的细度　　B. 凝结时间　　C. 水泥的质保期　　D. 混合料掺量

正确答案：B

答案解析：见 GB 55008—2021 3.1.1

94. 依据 GB 55008—2021 的规定，混凝土运输、输送、浇筑过程中(　　)加水。

A. 宜　　B. 可以　　C. 严禁　　D. 必须

正确答案：C

答案解析：见 GB 55008—2021 5.4.1

95. 依据 GB 55008—2021 的规定，混凝土结构采用爆破拆除时，应合理布置爆破点位置及(　　)，并应采取保证周边环境安全的措施。

A. 数量　　B. 深度　　C. 方向　　D. 施药量

正确答案：D

答案解析：见 GB 55008—2021 6.4.6

96. 依据 GB 55008—2021 的规定，当混凝土骨料具有碱活性时，应控制(　　)中的碱含量。

A. 水泥　　B. 砂　　C. 粗骨料　　D. 拌合用水

正确答案：D

答案解析：见 GB 55008—2021 3.1.5

97. 依据 GB 55008—2021 的规定，离柱边(　　)倍梁截面高度范围内的混凝土转换梁箍筋应加密，加密区箍筋直径不应小于 10mm。

A. 0.5　　B. 1　　C. 1.5　　D. 2

正确答案：C

答案解析：见 GB 55008—2021 4.4.10

98. 依据 GB 55008—2021 的规定，含有硝酸铵、碳酸铵的早强型普通减水剂、早强剂和含有硝酸铵、碳酸铵、尿素的防冻剂，不应用于(　　)。

A. 工业建筑工程　　B. 民用建筑工程

C. 钢纤维混凝土结构　　D. 预应力混凝土结构

正确答案：B

答案解析：见 GB 55008—2021　3.1.4

99. 依据 GB 55008—2021 的规定，抗震设防烈度为(　　)度的高层建筑，不应采用带转换层的结构、带加强层的结构、错层结构和连体结构。

A. 6　　B. 7　　C. 8　　D. 9

正确答案：D

答案解析：见 GB 55008—2021　4.2.2

100. 依据 GB 55008—2021 的规定，含有(　　)的早强型普通减水剂、早强剂、防冻剂和防水剂，严禁用于有外露钢筋、预埋件而无防护措施的混凝土结构。

A. 亚硝酸盐　　B. 强电解质无机盐　C. 碳酸盐　　D. 氯盐

正确答案：B

答案解析：见 GB 55008—2021　3.1.4

101. 依据 GB 55008—2021 的规定，混凝土结构用结构混凝土的强度标准值应具有不小于(　　)的保证率。

A. 85%　　B. 90%　　C. 95%　　D. 100%

正确答案：C

答案解析：见 GB 55008—2021　2.0.4

102. 依据 GB 55008—2021 的规定，对硬化混凝土的水泥安定性有异议时，应对水泥中(　　)的潜在危害进行检测。

A. 氯离子　　B. 游离氧化钙　　C. 石灰石　　D. 铁矿粉

正确答案：B

答案解析：见 GB 55008—2021　6.2.4

103. 依据 GB 55008—2021 的规定，任何条件下，混凝土保护层厚度不应小于(　　)。

A. 10mm　　B. 15mm　　C. 20mm　　D. 25mm

正确答案：B

答案解析：见 GB 55008—2021　2.0.10

104. 依据 GB 55008—2021 的规定，错层处平面外受力的剪力墙的承载力应适当提高，剪力墙截面厚度不应小于(　　)。

A. 200mm　　B. 250mm　　C. 300mm　　D. 350mm

正确答案：B

答案解析：见 GB 55008—2021　4. 4. 13

105. 依据 GB 55008—2021 的规定，普通钢筋、预应力筋的材料分项系数应根据工程结构的(　　)要求综合考虑钢筋的力学性能、工艺性能、表面形状等因素确定。

A. 安全性　　B. 可靠性　　C. 耐久性　　D. 经济性

正确答案：B

答案解析：见 GB 55008—2021　2. 0. 4

106. 依据 GB 55008—2021 的规定，混凝土结构采用预应力螺纹钢筋，其屈服强度标准值为 1080MPa，其抗拉强度设计值取值不应高于(　　)。

A. 650MPa　　B. 770MPa　　C. 900MPa　　D. 1080MPa

正确答案：C

答案解析：见 GB 55008—2021　2. 0. 4

107. 依据 GB 55008—2021 的规定，普通钢筋混凝土框架梁结构，采用的最粗钢筋公称直径为 20mm，其混凝土保护层厚度不应小于(　　)。

A. 10mm　　B. 15mm　　C. 20mm　　D. 25mm

正确答案：C

答案解析：见 GB 55008—2021　2. 0. 10

108. 依据 GB 55008—2021 的规定，抗震等级为三级、混凝土强度为 C40、采用 400MPa 级纵向受力钢筋的房屋建筑纯框架结构中柱，其纵向受力钢筋的最小配筋率不应小于(　　)%。

A. 0. 60　　B. 0. 65　　C. 0. 70　　D. 0. 75

正确答案：D

答案解析：见 GB 55008—2021　4. 4. 9

109. 依据 GB 55008—2021 的规定，对于有抗渗要求的混凝土，砂的坚固性指标不应大于(　　)。

A. 3. 0%　　B. 8. 0%　　C. 9. 0%　　D. 10. 0%

正确答案：B

答案解析：见 GB 55008—2021　3. 1. 2

110. 依据 GB 55008—2021 的规定，普通钢筋混凝土结构中钢筋机械连接接头试件应(　　)，并应按规定进行性能检验。

A. 钢筋料场制作　　B. 试验室制作
C. 现场平行加工　　D. 从完成的实体中截取
正确答案：D
答案解析：见 GB 55008—2021　5.3.1

111. 依据 GB 55008—2021 的规定，对设计工作年限为 50 年、采用 500MPa 及以上等级钢筋的钢筋混凝土结构构件，混凝土强度等级不应低于(　　)。
A. C25　　B. C30　　C. C35　　D. C40
正确答案：B
答案解析：见 GB 55008—2021　2.0.2

112. 依据 GB 55008—2021 的规定，9 层且房屋高度为 27m 的住宅建筑剪力墙的截面厚度不应小于(　　)。
A. 140mm　　B. 150mm　　C. 160mm　　D. 200mm
正确答案：A
答案解析：见 GB 55008—2021　4.4.4

113. 抗震等级为二级的高层建筑，结构设计时将 14 层设为加强层，依据 GB 55008—2021 的规定，第 15 层的框架柱、核心筒剪力墙的抗震等级应按(　　)采用。
A. 特一级　　B. 一级　　C. 二级　　D. 三级
正确答案：B
答案解析：见 GB 55008—2021　4.4.12

114. 依据 GB 55008—2021 的规定，8 层且房屋高度为 44m 的住宅建筑剪力墙的截面厚度不应小于(　　)。
A. 140mm　　B. 150mm　　C. 160mm　　D. 200mm
正确答案：C
答案解析：见 GB 55008—2021　4.4.4

115. 依据 GB 55008—2021 的规定，混凝土结构采用 HPB335 普通钢筋，其屈服强度标准值为 335MPa，其抗拉强度设计值取值不应高于(　　)。
A. 270MPa　　B. 300MPa　　C. 335MPa　　D. 360MPa
正确答案：B
答案解析：见 GB 55008—2021　2.0.4

116. 依据 GB 55008—2021 的规定，对于有抗腐蚀要求的混凝土，砂的坚固性指标不应大于(　　)。
A. 3%　　B. 8%　　C. 9%　　D. 10%

正确答案：B

答案解析：见 GB 55008—2021　3.1.2

117. 依据 GB 55008—2021 的规定，装配式结构预制构件套筒灌浆连接接头性能试验的试件应为(　　)。

A. 预制构件厂加工试件　　B. 现场实体抽取试件

C. 现场平行加工试件　　D. 实体检验

正确答案：C

答案解析：见 GB 55008—2021　5.5.1

118. 依据 GB 55008—2021 的规定，二级抗震等级设计的房屋建筑框架结构，其纵向受力普通钢筋的抗拉强度实测值与屈服强度实测值的比值不应(　　)。

A. 大于 1.25　　B. 小于 1.25　　C. 大于 1.30　　D. 小于 1.30

正确答案：B

答案解析：见 GB 55008—2021　3.2.3

119. 依据 GB 55008—2021 的规定，普通钢筋混凝土框架柱结构采用的最粗钢筋公称直径为 25mm，其混凝土保护层厚度不应小于(　　)。

A. 15mm　　B. 20mm　　C. 25mm　　D. 30mm

正确答案：C

答案解析：见 GB 55008—2021　2.0.10

120. 依据 GB 55008—2021 的规定，企业标准各项技术要求(　　)强制性工程建设规范的相关技术水平。

A. 可以低于　　B. 不得低于　　C. 等同于　　D. 高于

正确答案：B

答案解析：见 GB 55008—2021　前言

121. 依据 GB 55008—2021 的规定，对设计工作年限为 50 年的抗震等级不低于二级的钢筋混凝土结构构件，混凝土强度等级不应低于(　　)。

A. C25　　B. C30　　C. C35　　D. C40

正确答案：B

答案解析：见 GB 55008—2021　2.0.2

122. 依据 GB 55008—2021 的规定，抗震等级为四级、混凝土强度为 C35、采用 400MPa 级纵向受力钢筋的房屋建筑纯框架结构中柱，其纵向受力钢筋的最小配筋率不应小于(　　)%。

A. 0.60　　B. 0.65　　C. 0.70　　D. 0.75

正确答案：B

答案解析：见 GB 55008—2021　4.4.9

123. 依据 GB 55008—2021 的规定，预应力结构混凝土用砂的氯离子含量不应大于(　　)。

A. 0.01%　　B. 0.03%　　C. 0.05%　　D. 0.2%

正确答案：A

答案解析：见 GB 55008—2021　3.1.2

124. 依据 GB 55008—2021 的规定，18 层住宅建筑剪力墙的截面厚度不应小于(　　)。

A. 140mm　　B. 150mm　　C. 160mm　　D. 200mm

正确答案：C

答案解析：见 GB 55008—2021　4.4.4

125. 依据 GB 55008—2021 的规定，推荐性工程建设标准各项技术要求(　　)强制性工程建设规范的相关技术水平。

A. 可以低于　　B. 不得低于　　C. 等同于　　D. 高于

正确答案：B

答案解析：见 GB 55008—2021　前言

126. 依据 GB 55008—2021 的规定，对于有抗冻要求的混凝土，砂的坚固性指标不应大于(　　)。

A. 3%　　B. 8%　　C. 9%　　D. 10%

正确答案：B

答案解析：见 GB 55008—2021　3.1.2

127. 依据 GB 55008—2021 的规定，C40 混凝土轴心抗压强度标准值取 26.8MPa，其强度设计值取值不应高于(　　)。

A. 14.3MPa　　B. 19.1MPa　　C. 21.1MPa　　D. 23.1MPa

正确答案：B

答案解析：见 GB 55008—2021　2.0.4

128. 依据 GB 55008—2021 的规定，设计工作年限为 50 年的钢筋混凝土结构构件的混凝土强度等级(　　)C25。

A. 可以低于　　B. 不应低于　　C. 高于　　D. 无要求

正确答案：B

答案解析：见 GB 55008—2021　2.0.2

129. 依据 GB 55008—2021 的规定，普通钢筋混凝土楼板结构采用的最粗钢筋公称直径为 12mm，其混凝土保护层厚度不应小于(　　)。

A. 12mm　　B. 15mm　　C. 20mm　　D. 25mm

正确答案：B

答案解析：见 GB 55008—2021　2.0.10

130. 依据 GB 55008—2021 的规定，抗震等级为二级时，房屋建筑混凝土框架梁跨中处纵向受拉钢筋的最小配筋率不应小于(　　)%。

A. 0.30 和 $65f_t/f_y$ 中的较大值　　B. 0.25 和 $65f_t/f_y$ 中的较大值

C. 0.30 和 $55f_t/f_y$ 中的较大值　　D. 0.25 和 $55f_t/f_y$ 中的较大值

正确答案：D

答案解析：见 GB 55008—2021　4.4.8

131. 依据 GB 55008—2021 的规定，混凝土结构工程施工应对(　　)隐蔽工程进行验收并做好记录。

A. 预拌混凝土　　B. 钢筋工程　　C. 模板工程　　D. 混凝土成型

正确答案：B

答案解析：见 GB 55008—2021　5.1.3

二、多选题

1. 抗震设防烈度为 9 度的高层建筑，不应采用(　　)的结构。

A. 带转换层　　B. 带加强层　　C. 框架　　D. 错层

E. 连体

正确答案：ABDE

答案解析：见 GB 55008—2021　4.2.2

2. 混凝土结构拆除应遵循(　　)的原则，并应制定废弃物处置方案。

A. 系统性　　B. 市场化　　C. 减量化　　D. 资源化

E. 再生利用

正确答案：CDE

答案解析：见 GB 55008—2021　6.1.4

3. 工程建设“技术法规”体系由(　　)构成。

A. 法律　　B. 行政法规

C. 部门规章　　D. 法律法规中技术性规定

E. 全文强制性工程建设规范

正确答案：DE

答案解析：见 GB 55008—2021　前言

4. 混凝土结构应从(　　)各环节采取控制混凝土裂缝的措施。

A. 设计　　B. 材料　　C. 施工　　D. 维护

E. 科研

正确答案：ABCD

答案解析：见 GB 55008—2021　2.0.8

5. 混凝土结构体系应满足工程的(　　)要求。

A. 整体稳固性　　B. 承载能力　　C. 刚度　　D. 延性性能

E. 强度

正确答案：BCD

答案解析：见 GB 55008—2021　4.2.1

6. 关于结构混凝土用砂规定描述正确的选项有(　　)。

A. 混凝土结构用海砂必须经过净化处理

B. 钢筋混凝土用砂的氯离子含量不应大于 0.03%

C. 对于有抗渗、抗冻等特殊要求的混凝土，砂坚固性指标不应大于 5%

D. 高强混凝土用砂的含泥量不应大于 2.0%

E. 机制砂应按石粉的亚甲蓝值指标和石粉的流动比指标控制石粉含量

正确答案：ABDE

答案解析：见 GB 55008—2021　3.1.2

7. 下列关于混凝土结构构件的最小截面尺寸应符合规定的说法，正确的有(　　)。

A. 矩形截面框架柱的边长不应小于 200mm

B. 高层建筑剪力墙的截面厚度不应小于 160mm

C. 现浇钢筋混凝土实心楼板的厚度不应小于 80mm

D. 现浇空心楼板的顶板、底板厚度均不应小于 50mm

E. 多层建筑剪力墙的截面厚度不应小于 140mm

正确答案：BCDE

答案解析：见 GB 55008—2021　4.4.4

8. 进行混凝土结构加固、改造时，应考虑既有混凝土结构、结构构件的实际(　　)、耐久性退化等影响因素进行结构设计。

A. 几何尺寸　　B. 材料强度　　C. 配筋状况　　D. 连接构造

E. 既有缺陷

正确答案：ABCDE

答案解析：见 GB 55008—2021　2.0.12

9. 拆除作业应采取减少(　　)和环境污染的措施。

A. 噪声　B. 粉尘　C. 污水　D. 振动

E. 冲击

正确答案：ABCDE

答案解析：见 GB 55008—2021　6.4.3

10. 对于有(　　)或其他特殊要求的结构混凝土，粗骨料中含泥量和泥块含量分别不应大于 1.0% 和 0.5%，坚固性指标不应大于 8%。

A. 抗渗　B. 抗冻　C. 抗腐蚀　D. 耐磨

E. 抗老化

正确答案：ABCD

答案解析：见 GB 55008—2021　3.1.3

11. 结构混凝土用水泥主要控制指标应包括(　　)。

A. 安定性　B. 粉煤灰含量　C. 凝结时间　D. 氯离子含量

E. 胶砂强度

正确答案：ACDE

答案解析：见 GB 55008—2021　3.1.1

12. 混凝土结构构件应根据受力状况分别进行(　　)计算。

A. 抗弯　B. 抗剪　C. 抗扭　D. 局部受压

E. 抗老化

正确答案：ABCD

答案解析：见 GB 55008—2021　4.4.1

13. 采用应力表达式进行混凝土结构构件的承载能力极限状态计算时，应根据(　　)确定混凝土和钢筋的强度取值。

A. 抗震设防烈度　B. 设计状况

C. 构件性能设计目标　D. 结构形式

E. 截面形状

正确答案：BC

答案解析：见 GB 55008—2021　4.1.3

14. 混凝土结构采用静力或动力弹塑性分析方法进行结构分析时，应符合下列规定：(　　)。

A. 应考虑混凝土的抗拉作用

B. 结构与构件尺寸、材料性能、配筋等应根据实际情况确定
C. 材料的性能指标应根据结构性能目标需求取强度标准值、实测值
D. 分析结果用于结构整体稳定性计算时，应根据不确定性对结构抗力进行调整
E. 分析结果用于承载力设计时，应根据不确定性对结构抗力进行调整
正确答案：BCE
答案解析：见 GB 55008—2021　4.3.4

15. 含有(　　)的防冻剂，不应用于民用建筑工程。
A. 硝酸铵　　B. 强电解质无机盐　　C. 碳酸铵　　D. 六价铬
E. 尿素
正确答案：ACE
答案解析：见 GB 55008—2021　3.1.4

16. 混凝土结构构件的最小截面尺寸应满足结构承载力极限状态、正常使用极限状态的计算要求，并应满足结构(　　)要求。
A. 耐久性　　B. 防水　　C. 防火　　D. 配筋构造
E. 混凝土浇筑施工
正确答案：ABCDE
答案解析：见 GB 55008—2021　2.0.9

17. 含有(　　)成分的混凝土外加剂，不应用于饮水工程中建成后与饮用水直接接触的混凝土。
A. 六价铬　　B. 硝酸铵　　C. 亚硝酸盐　　D. 碳酸铵
E. 硫氰酸盐
正确答案：ACE
答案解析：见 GB 55008—2021　3.1.4

18. 混凝土结构应根据(　　)，建立全寿命周期内的结构使用、维护管理制度。
A. 结构类型　　B. 结构强度　　C. 安全性等级　　D. 使用环境
E. 用途
正确答案：ACD
答案解析：见 GB 55008—2021　6.1.1

19. 当施工中进行混凝土结构构件的钢筋代换时，应符合设计规定的构件(　　)要求。
A. 承载能力　　B. 正常使用　　C. 配筋构造　　D. 耐久性能
E. 抗震性能
正确答案：ABCD

答案解析：见 GB 55008—2021　2.0.11

20. 模板及支架应保证混凝土结构和构件各部分(　　)准确。

A. 强度　　B. 刚度　　C. 形状　　D. 尺寸

E. 位置

正确答案：CDE

答案解析：见 GB 55008—2021　5.2.2

21. 混凝土结构应根据结构的(　　)采取保障混凝土结构耐久性能的措施。

A. 类型　　B. 暴露的环境　　C. 尺寸　　D. 用途

E. 设计工作年限

正确答案：BDE

答案解析：见 GB 55008—2021　2.0.5

22. 砂的(　　)对混凝土质量和耐久性影响大，是控制混凝土质量的关键指标。

A. 流动性　　B. 含泥量　　C. 坚固性　　D. 氯离子含量

E. 石粉含量

正确答案：BC

答案解析：见 GB 55008—2021　3.1.2

23. 混凝土结构施工模板及支架应满足(　　)要求。

A. 承载力　　B. 变形　　C. 刚度　　D. 整体稳固性

E. 局部稳定性

正确答案：ACD

答案解析：见 GB 55008—2021　5.2.1

24. 含有强电解质无机盐的早强型普通减水剂、早强剂、防冻剂和防水剂，严禁用于(　　)。

A. 与镀锌钢材或铝材相接触部位的混凝土结构

B. 饮水工程中建成后与饮用水直接接触的混凝土

C. 有外露钢筋、预埋件而无防护措施的混凝土结构

D. 使用直流电源的混凝土结构

E. 距离高压直流电源 100m 以内的混凝土结构

正确答案：ACDE

答案解析：见 GB 55008—2021　3.1.4

25. 结构混凝土强度等级的选用应满足工程结构的(　　)需求。

A. 硬度　　B. 刚度　　C. 耐久性　　D. 承载力

E. 可靠性

正确答案：BCD

答案解析：见 GB 55008—2021 2.0.2

26. 应对(　　)的结构性态与安全进行监测。

A. 高度 350m 及以上的高耸结构

B. 高度 100m 及以上的高层结构

C. 带有隔震体系的高层与高耸结构

D. 带有隔震体系的复杂结构

E. 跨度大于 50m 的钢筋混凝土薄壳结构

正确答案：ACDE

答案解析：见 GB 55008—2021 6.2.5

27. 受拉钢筋锚固长度应根据(　　)进行计算。

A. 钢筋的直径

B. 钢筋及混凝土抗压强度

C. 钢筋的外形

D. 钢筋锚固端的形式

E. 结构或结构构件的抗震等级

正确答案：ACDE

答案解析：见 GB 55008—2021 4.4.5

28. 下列各项中，应对混凝土结构的结构性态与安全进行监测的有(　　)。

A. 跨度大于 50m 的钢筋混凝土网架结构

B. 高度 350m 及以上的高层与高耸结构

C. 施工过程导致结构最终位形与设计目标位形存在较大差异的高层与高耸结构

D. 带有隔震体系的高层与高耸或复杂结构

E. 跨度大于 50m 的钢筋混凝土薄壳结构

正确答案：BCDE

答案解析：见 GB 55008—2021 6.2.5

29. 结构混凝土配合比设计，应采取保证混凝土(　　)的措施。

A. 拌合物性能　　B. 施工浇筑　　C. 力学性能　　D. 耐久性能

E. 坍落度

正确答案：ACD

答案解析：见 GB 55008—2021 2.0.7

30. 混凝土结构应根据(　　)采取保障混凝土结构耐久性能的措施。

A. 结构的用途

B. 结构的类型

C. 结构暴露的环境

D. 结构设计工作年限

E. 结构使用要求

正确答案：ACD

答案解析：见 GB 55008—2021　2.0.5

31. 结构混凝土配合比设计应按照混凝土的(　　)确定各组成材料的种类、性能及用量要求。

A. 力学性能　　B. 工作性能　　C. 可靠性要求　　D. 耐久性要求

E. 安定性要求

正确答案：ABD

答案解析：见 GB 55008—2021　3.1.6

32. 混凝土结构工程应进行结构(　　)设计。

A. 构造　　B. 刚度

C. 承载能力极限状态　　D. 正常使用极限状态

E. 耐久性

正确答案：CDE

答案解析：见 GB 55008—2021　2.0.1

33. 采用静力或动力弹塑性分析方法进行混凝土结构分析时，(　　)等应根据实际情况确定。

A. 结构与构件尺寸　B. 材料性能　　C. 边界条件　　D. 初始应力状态

E. 配筋

正确答案：ABCDE

答案解析：见 GB 55008—2021　4.3.4

34. 下列预应力筋中，最大力总延伸率限值为4.5%的是(　　)。

A. 消除应力钢丝　　B. 钢绞线

C. 预应力螺纹钢筋　　D. 中强度预应力钢丝

E. 预应力冷轧带肋钢筋

正确答案：ABC

答案解析：见 GB 55008—2021　3.2.2

35. 在下列(　　)条件下，结构钢筋混凝土中水溶性氯离子最大含量不应超过0.1%。

A. 干燥环境　　B. 潮湿但不含氯离子的环境

C. 潮湿且含有氯离子的环境　　D. 除冰盐等侵蚀性物质的腐蚀环境

E. 盐渍土环境

正确答案：DE

答案解析：见 GB 55008—2021　3.1.8

36. 关于预应力筋－锚具组装件静载锚固性能应符合规定的说法，正确的有(　　)。

A. 组装件实测极限抗拉力不应小于母材实测极限抗拉力的 95%

B. 组装件实测极限抗拉力不应小于母材实测极限抗拉力的 90%

C. 组装件实测极限抗拉力不应大于母材实测极限抗拉力的 95%

D. 组装件总伸长率不应大于 2.0%

E. 组装件总伸长率不应小于 2.0%

正确答案：AE

答案解析：见 GB 55008—2021　3.3.1

37. 混凝土结构满足(　　)条件时，应对其进行检测与鉴定。

A. 接近或达到设计工作年限　　B. 出现危及使用安全的迹象

C. 改变其使用性质　　D. 遭受地震灾害后出现了损伤

E. 受周边施工影响到其安全

正确答案：BCDE

答案解析：见 GB 55008—2021　6.2.3

38. 30 层高层建筑在第 10 层设置加强层，结构设计时应在(　　)层核心筒剪力墙上设置约束边缘构件。

A. 1　　B. 9　　C. 10　　D. 11

E. 30

正确答案：BCD

答案解析：见 GB 55008—2021　4.4.12

39. 混凝土结构安全的代表性部位实体质量检验包括(　　)。

A. 混凝土强度　　B. 钢筋保护层厚度

C. 实体结构的位置　　D. 预埋件位置

E. 实体结构尺寸偏差

正确答案：ABCE

答案解析：见 GB 55008—2021　5.1.6

40. 项目规范以工程建设项目整体为对象，以项目的(　　)等要素为主要内容。

A. 规模　　B. 布局　　C. 功能　　D. 性能

E. 关键技术措施

正确答案：ABCDE

答案解析：见 GB 55008—2021　前言

41. 混凝土结构上的作用及其作用效应计算可能包括(　　)。

A. 重力荷载　　B. 风荷载　　C. 地震荷载　　D. 冲击荷载

E. 徐变作用

正确答案：ABCDE

答案解析：见 GB 55008—2021　4.1.1

42. 结构分析模型应确定结构分析模型中采用的结构及构件几何尺寸、结构材料性能指标(　　)。

A. 计算参数　　B. 边界条件

C. 计算简图　　D. 结构上发生的作用及其组合

E. 作用的初始状态

正确答案：ABCDE

答案解析：见 GB 55008—2021　4.3.2

43. 当施工中进行混凝土结构构件的钢筋、预应力筋代换时，应符合设计规定的(　　)要求，并应取得设计变更文件。

A. 构件承载能力　　B. 正常使用　　C. 配筋构造　　D. 防火性能

E. 耐久性能

正确答案：ABCE

答案解析：见 GB 55008—2021　2.0.11

44. 高层混凝土房屋建筑(　　)中，剪力墙的竖向、水平向分布钢筋的配筋率均不应小于 0.25%，并应至少双排布置，各排分布钢筋之间应设置拉筋。

A. 框架一剪力墙结构　　B. 板柱一剪力墙结构

C. 框支一剪力墙结构　　D. 剪力墙结构

E. 筒体结构

正确答案：ABE

答案解析：见 GB 55008—2021　4.4.7

45. 同条件养护的混凝土试件达到规定强度时，才能进行(　　)。

A. 模板拆除　　B. 预制构件起吊

C. 预应力筋张拉和放张　　D. 人工作业

E. 混凝土养护

正确答案：ABC

答案解析：见 GB 55008—2021　5.1.4

46. 混凝土结构钢筋机械连接检测中，连接件破坏包括(　　)及其他形式的连接组件破坏。

A. 套筒拉断
B. 套筒纵向开裂
C. 钢筋从套筒中拨出
D. 母材钢筋开裂
E. 套筒挤压

正确答案：ABC

答案解析：见 GB 55008—2021　3.3.2

47. 混凝土结构体系设计中，抗震设防烈度为 9 度的高层建筑，不应采用(　　)。

A. 双向抗侧力结构体系
B. 带转换层的结构
C. 带加强层的结构
D. 错层结构
E. 连体结构

正确答案：BCDE

答案解析：见 GB 55008—2021　4.2.2

48. 下列关于拆除作业应符合规定的说法中，正确的有(　　)。

A. 应对周边建筑物、构筑物及地下设施采取保护、防护措施
B. 对危险物质、有害物质应有处置方案和应急措施
C. 拆除过程推荐立体交叉作业
D. 在封闭空间拆除施工时，应有通风和对外沟通的措施
E. 拆除施工时发现不明物体和气体时应立即停止施工，并应采取临时防护措施

正确答案：ABDE

答案解析：见 GB 55008—2021　6.4.2

49. 模板及支架应根据施工过程中的各种控制工况进行设计，并应满足(　　)要求。

A. 承载力　B. 强度　C. 刚度　D. 耐用性
E. 整体稳固性

正确答案：ACE

答案解析：见 GB 55008—2021　5.2.1

50. 含有强电解质无机盐的早强型普通减水剂严禁用于(　　)混凝土结构。

A. 与铝材相接触部位的
B. 有外露钢筋而无防护措施的
C. 有预埋件且有防护措施
D. 使用直流电源的
E. 距离高压直流电源 50m 以内的

正确答案：ABDE

答案解析：见 GB 55008—2021　3.1.4

51. 结构混凝土用水泥主要控制指标应包括(　　)。

A. 凝结时间　B. 安定性　C. 胶砂强度　D. 氯离子含量
E. 泥块含量
正确答案：ABCD
答案解析：见 GB 55008—2021　3.1.1

52. 制定 GB 55008—2021 是为了保障(　　)，促进混凝土结构工程绿色高质量发展。
A. 混凝土结构工程质量　B. 人民生命财产安全
C. 人身健康　D. 混凝土结构安全性
E. 混凝土结构耐久性
正确答案：ABC
答案解析：见 GB 55008—2021　1.0.1

53. 混凝土结构中普通受拉钢筋的锚固长度应根据钢筋及混凝土抗拉强度、(　　)进行计算。
A. 钢筋的直径　B. 受拉钢筋配筋率
C. 钢筋的外形　D. 钢筋锚固端的形式
E. 结构与结构构件的抗震等级
正确答案：ACDE
答案解析：见 GB 55008—2021　4.4.5

54. 混凝土保护层厚度应满足混凝土构件的(　　)要求。
A. 耐久性能　B. 防水性能　C. 防风性能　D. 安定性能
E. 防火性能
正确答案：AE
答案解析：见 GB 55008—2021　2.0.10

55. 应根据工程所在地的(　　)及工程的抗震设防类别、抗震性能要求确定混凝土结构的抗震设防目标和抗震措施。
A. 抗震烈度　B. 抗震设防烈度　C. 场地类别　D. 场地种类
E. 设计地震分组
正确答案：BCE
答案解析：见 GB 55008—2021　4.1.2

56. 混凝土拌合用水应控制(　　)。
A. pH　B. 硫酸根离子含量　C. 氯离子含量　D. 不溶物含量
E. 氧离子含量
正确答案：ABCD

答案解析：见 GB 55008—2021 3.1.5

57. 混凝土拌合用水采用(　　)时，在首次使用前应检测放射性。

A. 再生水　　B. 地表水　　C. 纯净水　　D. 地下水

E. 自来水

正确答案：ABD

答案解析：见 GB 55008—2021 3.1.5

58. 含有氯盐的早强型普通减水剂、早强剂、防水剂和氯盐类防冻剂，不应用于(　　)结构。

A. 装配式混凝土　　B. 早强混凝土　　C. 预应力混凝土　　D. 钢筋混凝土

E. 钢纤维混凝土

正确答案：CDE

答案解析：见 GB 55008—2021 3.1.4

59. 含有(　　)成分的混凝土外加剂，不应用于饮水工程中建成后与饮用水直接接触的混凝土。

A. 六价铬　　B. 亚硝酸盐　　C. 强电解质无机盐　　D. 碳酸盐

E. 硫氰酸盐

正确答案：ABE

答案解析：见 GB 55008—2021 3.1.4

60. 混凝土结构体系应满足工程的(　　)要求。

A. 承载能力　　B. 使用功能　　C. 刚度　　D. 耐久性

E. 延性性能

正确答案：ACE

答案解析：见 GB 55008—2021 4.2.1

61. 下列(　　)应进行进场验收，合格后方可使用。

A. 材料　　B. 构配件　　C. 器具　　D. 半成品

E. 施工人员

正确答案：ABCD

答案解析：见 GB 55008—2021 5.1.2

62. 混凝土结构用普通钢筋、预应力筋应具有符合工程结构在承载能力极限状态和正常使用极限状态下需求的(　　)。

A. 刚度　　B. 强度　　C. 硬度　　D. 耐久性

E. 延伸率

正确答案：BE

答案解析：见 GB 55008—2021　2.0.3

63. 下列情况中，应采取消除安全隐患的措施进行处理的有(　　)。

A. 混凝土结构或结构构件的裂缝宽度或挠度超过限值

B. 接近或达到设计工作年限，仍需继续使用的结构

C. 混凝土结构或构件钢筋出现锈胀

D. 结构混凝土中氯离子含量超标或发现有碱骨料反应迹象

E. 预应力混凝土构件锚固端的封端混凝土出现裂缝、剥落、渗漏、穿孔、预应力锚具暴露

正确答案：ACDE

答案解析：见 GB 55008—2021　6.3.1

64. 混凝土结构应根据(　　)，建立全寿命周期内的结构使用、维护管理制度。

A. 结构层高　　B. 结构类型　　C. 施工环境　　D. 安全性等级

E. 使用环境

正确答案：BDE

答案解析：见 GB 55008—2021　6.1.1

65. 结构计算分析应符合的规定有(　　)。

A. 满足力学平衡条件

B. 应确定结构上可能发生的作用及其组合、初始状态等

C. 满足主要变形协调条件

D. 采用合理的钢筋与混凝土本构关系或构件的受力一变形关系

E. 计算结果的精度应满足工程设计要求

正确答案：ACDE

答案解析：见 GB 55008—2021　4.3.3

66. 混凝土结构工程应确定其(　　)。

A. 结构设计工作年限　　B. 结构安全等级

C. 抗震设防类别　　D. 结构上的作用和作用组合

E. 最不利效应

正确答案：ABCD

答案解析：见 GB 55008—2021　2.0.1

67. 依据 GB 55008—2021 的规定，普通钢筋混凝土结构构件应采取保证(　　)在各种工况下协同工作性能的设计和施工措施。

A. 钢筋　　B. 预应力筋　　C. 混凝土材料　　D. 模板

E. 型钢

正确答案：ABC

答案解析：见 GB 55008—2021　2.0.6

68. 高 40 层房屋建筑工程，结构设计时将 19 层设为加强层，依据 GB 55008—2021 的规定，第(　　)的框架柱的箍筋应全柱段加密配置。

A. 1 层　　B. 18 层　　C. 19 层　　D. 20 层

E. 40 层

正确答案：BCD

答案解析：见 GB 55008—2021　4.4.12

69. 依据 GB 55008—2021 的规定，混凝土结构满足(　　)条件时，应对其进行检测与鉴定。

A. 达到设计工作年限　　B. 改变其使用性质

C. 增加荷载　　D. 遭受台风后

E. 进行结构改造

正确答案：BCE

答案解析：见 GB 55008—2021　6.2.3

70. 依据 GB 55008—2021 的规定，预制混凝土构件上的作用及其作用效应计算，在其(　　)过程中应考虑相应的结构动力效应。

A. 制作　　B. 设计　　C. 运输　　D. 吊装

E. 安装

正确答案：ACDE

答案解析：见 GB 55008—2021　4.1.1

71. 依据 GB 55008—2021 的规定，结构混凝土用水泥主要控制指标应包括(　　)。

A. 水泥的质保期　　B. 安定性　　C. 凝结时间　　D. 混合料掺量

E. 胶砂强度

正确答案：BCE

答案解析：见 GB 55008—2021　3.1.1

72. 依据 GB 55008—2021 的规定，现浇钢筋混凝土结构构件，钢筋(　　)接头试件应从完成的实体中截取，并应按规定进行性能检验。

A. 机械连接　　B. 绑扎搭接连接　　C. 焊接连接　　D. 套筒灌浆连接

E. 浆锚搭接连接

正确答案：AC

答案解析：见 GB 55008—2021　5.3.1 及 5.5.1

73. 依据 GB 55008—2021 的规定，结构混凝土配合比设计应按照混凝土的(　　)要求确定各组成材料的种类、性能及用量要求。

A. 抗拉强度　B. 力学性能　C. 工作性能　D. 裂缝允许宽度

E. 耐久性

正确答案：BCE

答案解析：见 GB 55008—2021　3.1.6

74. 依据 GB 55008—2021 的规定，当施工中进行混凝土结构构件的钢筋代换时，应符合设计规定的构件(　　)要求。

A. 承载能力　B. 尺寸　C. 配筋构造　D. 耐久性能

E. 抗震性能

正确答案：ACD

答案解析：见 GB 55008—2021　2.0.11

75. 强制性工程建设规范体系中的工程项目类规范（简称项目规范），以项目的(　　)关键技术措施等要素为主要内容。

A. 规模　B. 布局　C. 功能　D. 通用技术

E. 性能

正确答案：ABCE

答案解析：见 GB 55008—2021　前言

76. 依据 GB 55008—2021 的规定，结构混凝土用水泥主要控制指标应包括(　　)。

A. 水泥的细度　B. 安定性　C. 凝结时间　D. 氯离子含量

E. 粉煤灰含量

正确答案：BCD

答案解析：见 GB 55008—2021　3.1.1

77. 依据 GB 55008—2021 的规定，抗震设防烈度为 9 度的高层建筑，不应采用(　　)的结构。

A. 框架一剪力墙　B. 带加强层　C. 框架　D. 带转换层

E. 错层

正确答案：BDE

答案解析：见 GB 55008—2021　4.2.2

三、判断题

1. 矩形截面框架梁的截面宽度不应小于 150mm。(　　)

A. 对　B. 错

正确答案：B

答案解析：见 GB 55008—2021　4.4.4

2. 带加强层高层建筑，其加强层及其相邻层的框架柱、核心筒剪力墙的抗震等级应提高一级采用，已经为特一级时也必须提高一级采用。(　　)

A. 对　　　　B. 错

正确答案：B

答案解析：见 GB 55008—2021　4.4.12

3. 混凝土结构构件的最小截面尺寸由结构承载力极限状态、正常使用极限状态的计算确定。(　　)

A. 对　　　　B. 错

正确答案：B

答案解析：见 GB 55008—2021　2.0.9

4. 混凝土结构中，对受压钢筋，当充分利用其抗压强度并需锚固时，其锚固长度不应小于受拉钢筋锚固长度的 70%。(　　)

A. 对　　　　B. 错

正确答案：A

答案解析：见 GB 55008—2021　4.4.5

5. 混凝土结构构件之间、非结构构件与结构构件之间的连接不应先于被连接构件破坏。(　　)

A. 对　　　　B. 错

正确答案：A

答案解析：见 GB 55008—2021　4.1.5

6. 混凝土结构用普通钢筋、预应力筋应具有符合工程结构在承载能力极限状态和正常使用极限状态下需求的强度和延伸率。(　　)

A. 对　　　　B. 错

正确答案：A

答案解析：见 GB 55008—2021　2.0.3

7. 混凝土结构的外观质量不应有严重缺陷及影响结构性能和使用功能的尺寸偏差。(　　)

A. 对　　　　B. 错

正确答案：A

答案解析：见 GB 55008—2021　5.1.5

8. 水泥中使用的混合材品种和掺量宜在出厂文件中明示，并保证所使用的混合材质量合格。(　　)

A. 对　　　　B. 错

正确答案：B

答案解析：见 GB 55008—2021　3.1.1

9. 与连接体相连的剪力墙在连接体高度范围及其上、下层应设置约束边缘构件。(　　)

A. 对　　　　B. 错

正确答案：A

答案解析：见 GB 55008—2021　4.4.14

10. 高层建筑剪力墙的截面厚度不应小于 140mm。(　　)

A. 对　　　　B. 错

正确答案：B

答案解析：见 GB 55008—2021　4.4.4

11. 带加强层高层建筑，其加强层及其相邻层的框架柱箍筋应全柱段加密配置，轴压比限值应按其他楼层框架柱的数值增加 0.05 采用。(　　)

A. 对　　　　B. 错

正确答案：B

答案解析：见 GB 55008—2021　4.4.12

12. 海砂用于混凝土结构，必须进行净化处理。(　　)

A. 对　　　　B. 错

正确答案：A

答案解析：见 GB 55008—2021　3.1.2

13. 由锚具或连接器、锚垫板和局部加强钢筋组成的锚固系统，在规定的结构实体中，应能可靠传递预加力。(　　)

A. 对　　　　B. 错

正确答案：A

答案解析：见 GB 55008—2021　5.3.2

14. 混凝土结构进行正常使用阶段作用效应分析时应采用符合工程实际的结构分析模型。(　　)

A. 对　　　　B. 错

正确答案：A

答案解析：见 GB 55008—2021　4.3.1

15. 正截面承载力简化计算时，可以不考虑混凝土的抗拉作用。(　　)

A. 对　　　　B. 错

正确答案：A

答案解析：见 GB 55008—2021　4.4.2

16. 通用规范以实现工程建设项目功能性能要求的各专业通用技术为对象，以勘察、设计、监理、施工、维修、养护等通用技术要求为主要内容。(　　)

A. 对　　　　B. 错

正确答案：B

答案解析：见 GB 55008—2021　前言

17. 为保证混凝土结构与构件的延性，HRB400 级钢筋其最大力总延伸率限值不应小于 7.5%。(　　)

A. 对　　　　B. 错

正确答案：A

答案解析：见 GB 55008—2021　3.2.2

18. 通用规范以工程建设项目整体为对象，以项目的规模、布局、功能、性能和关键技术措施等五大要素为主要内容。(　　)

A. 对　　　　B. 错

正确答案：B

答案解析：见 GB 55008—2021　前言

19. 结构混凝土采用的骨料具有碱活性及潜在碱活性时，应采取措施抑制碱骨料反应，并应验证抑制措施的有效性。(　　)

A. 对　　　　B. 错

正确答案：A

答案解析：见 GB 55008—2021　3.1.7

20. 混凝土结构体系设计，可以采用混凝土结构构件与砌体结构构件混合承重的结构体系。(　　)

A. 对　　　　B. 错

正确答案：B

答案解析：见 GB 55008—2021　4.2.2

21. 对大体积或复杂截面形状的混凝土结构构件进行应力分析和设计时，应按主拉

应力的分布确定箍筋的布置。(　　)

A. 对　　　　B. 错

正确答案：B

答案解析：见 GB 55008—2021　4.4.3

22. 模板拆除、预制构件起吊、预应力筋张拉和放张时，同条件养护的混凝土试件应达到规定强度。(　　)

A. 对　　　　B. 错

正确答案：A

答案解析：见 GB 55008—2021　5.1.4

23. 混凝土结构体系设计应符合的规定之一是房屋建筑结构应采用单向抗侧力结构体系。(　　)

A. 对　　　　B. 错

正确答案：B

答案解析：见 GB 55008—2021　4.2.2

24. 正截面承载力计算应采用符合工程需求的混凝土应力-应变本构关系，并应满足变形协调和静力平衡条件。(　　)

A. 对　　　　B. 错

正确答案：A

答案解析：见 GB 55008—2021　4.4.2

25. 模板及支架应保证混凝土结构和构件各部分形状、尺寸和位置准确。(　　)

A. 对　　　　B. 错

正确答案：A

26. 按三级抗震等级设计的钢筋混凝土结构，其基础的纵向受力钢筋最大力总延伸率实测值不应小于9%。(　　)

A. 对　　　　B. 错

正确答案：B

答案解析：见 GB 55008—2021　3.2.3

27. 房屋建筑混凝土框架梁设计中，梁中截面的底面和顶面纵向钢筋截面面积的比值，除按计算确定外，一级不应小于0.5，二级、三级不应小于0.3。(　　)

A. 对　　　　B. 错

正确答案：B

答案解析：见 GB 55008—2021　4.4.8

28. 混凝土结构工程除了应进行结构承载能力极限状态、正常使用极限状态设计外还应进行耐久性设计。(　　)

A. 对　　　　B. 错

正确答案：A

答案解析：见 GB 55008—2021　2.0.1

29. 对于混凝土结构，必须制定针对性维护方案。(　　)

A. 对　　　　B. 错

正确答案：B

答案解析：见 GB 55008—2021　6.2.2

30. 大体积混凝土施工应采取混凝土内外温差控制措施。(　　)

A. 对　　　　B. 错

正确答案：A

答案解析：见 GB 55008—2021　5.4.4

31. 混凝土结构为保证钢筋机械连接接头质量，Ⅲ级钢筋机械连接接头应满足 $f_{mst}^{0} \geqslant 1.25 f_{yk}$。(　　)

A. 对　　　　B. 错

正确答案：A

答案解析：见 GB 55008—2021　3.3.2

32. 混凝土转换柱设计应符合规定：转换柱箍筋应采用复合螺旋箍或井字复合箍，并应沿柱全高加密，箍筋直径不应小于 10mm，箍筋间距不应大于 100mm 和 5 倍纵向钢筋直径的较小值。(　　)

A. 对　　　　B. 错

正确答案：B

答案解析：见 GB 55008—2021　4.4.11

33. 转换梁上、下部纵向钢筋的最小配筋率，特一级、一级和二级分别不应小于 0.70%、0.60%和 0.50%，其他情况不应小于 0.30%。(　　)

A. 对　　　　B. 错

正确答案：B

答案解析：见 GB 55008—2021　4.4.10

34. 混凝土结构中，受拉钢筋锚固长度应根据钢筋的直径、钢筋及混凝土抗拉强度、钢筋的外形进行计算。(　　)

A. 对　　B. 错

正确答案：B

答案解析：见 GB 55008—2021　4.4.5

35. 氯离子含量、不溶物含量均属于结构混凝土拌合用水主要控制因素之一，对混凝土主要性能有显著影响，都应该予以控制。(　　)

A. 对　　B. 错

正确答案：A

答案解析：见 GB 55008—2021　3.1.5

36. 后张预应力孔道灌浆应密实饱满，并应具有规定的强度。(　　)

A. 对　　B. 错

正确答案：A

答案解析：见 GB 55008—2021　5.3.5

37. 混凝土结构中普通冷轧带肋钢筋材料分项系数的最小取值为 1.10。(　　)

A. 对　　B. 错

正确答案：B

答案解析：见 GB 55008—2021　3.2.1

38. 房屋建筑的混凝土楼盖应满足楼盖横向振动舒适度要求。(　　)

A. 对　　B. 错

正确答案：B

答案解析：见 GB 55008—2021　4.2.3

39. 混凝土结构中，预应力筋－锚具组装件总伸长率不应小于 3.0%。(　　)

A. 对　　B. 错

正确答案：B

答案解析：见 GB 55008—2021　3.3.1

40. 混凝土结构进行正常使用阶段和施工阶段的作用效应分析时应采用符合工程实际的结构分析模型。(　　)

A. 对　　B. 错

正确答案：A

答案解析：见 GB 55008—2021　4.3.1

41. 混凝土结构中Ⅰ级钢筋机械连接接头连接件破坏时要求达到 1.15 倍钢筋极限抗拉强度标准值。(　　)

A. 对　　B. 错

正确答案：B

答案解析：见 GB 55008—2021　3.3.2

42. 对按一、二、三级抗震等级设计的房屋建筑框架和斜撑构件，其纵向受力普通钢筋屈服强度实测值与屈服强度标准值的比值不应小于 1.30。(　　)

A. 对　　B. 错

正确答案：B

答案解析：见 GB 55008—2021　3.2.3

43. 当采用近似假定和简化模型时，混凝土结构分析应有理论、试验依据及工程实践经验。(　　)

A. 对　　B. 错

正确答案：A

答案解析：见 GB 55008—2021　4.3.2

44. 若混凝土结构及其拆除部件、块体、破碎物具有良好的材料强度和性能，应重新利用或再生利用。(　　)

A. 对　　B. 错

正确答案：A

答案解析：见 GB 55008—2021　6.4.7

45. 房屋建筑混凝土框架梁设计中，计入受压钢筋作用的梁端截面混凝土受压区高度与有效高度之比值，一级不应大于 0.25，二级、三级不应大于 0.35。(　　)

A. 对　　B. 错

正确答案：A

答案解析：见 GB 55008—2021　4.4.8

46. 钢筋套筒灌浆连接目前主要用于装配式混凝土结构中墙、柱等重要竖向构件的钢筋同截面 100%连接，其接头破坏应位于套筒外的连接钢筋。(　　)

A. 对　　B. 错

正确答案：A

答案解析：见 GB 55008—2021　3.3.3

47. 对高层或高耸混凝土结构的结构性态与安全必须进行监测。(　　)

A. 对　　B. 错

正确答案：B

答案解析：见 GB 55008—2021　6.2.5

48. 对于无粘结预应力混凝土构件，无所谓采取保证预应力筋与混凝土材料在各种工况下协同工作性能的设计和施工措施。(　　)

A. 对　　　　B. 错

正确答案：B

答案解析：见 GB 55008—2021　2.0.6

49. 强制性工程建设规范实施后，现行相关工程建设国家标准、行业标准中的强制性条文同时废止。(　　)

A. 对　　　　B. 错

正确答案：A

答案解析：见 GB 55008—2021　前言

50. 混凝土转换柱箍筋应采用复合螺旋箍或井字复合箍，并应沿柱全高加密。(　　)

A. 对　　　　B. 错

正确答案：A

答案解析：见 GB 55008—2021　4.4.11

51. 结构混凝土用水泥主要控制指标应包括水泥中使用的混合材品种和掺量。(　　)

A. 对　　　　B. 错

正确答案：B

答案解析：见 GB 55008—2021　3.1.1

52. 预应力筋张拉后应可靠锚固，可以有滑丝。(　　)

A. 对　　　　B. 错

正确答案：B

答案解析：见 GB 55008—2021　5.3.4

53. 结构混凝土应进行配合比设计，并应采取保证混凝土拌合物性能、混凝土力学性能和耐久性能的措施。(　　)

A. 对　　　　B. 错

正确答案：A

答案解析：见 GB 55008—2021　2.0.7

54. 计算结构混凝土中水溶性氯离子最大含量时，辅助胶凝材料的量不应小于硅酸盐水泥的量。(　　)

A. 对　　　　B. 错

正确答案：B

答案解析：见 GB 55008—2021　3.1.8

55. 房屋建筑中，与连接体相连的框架柱在连接体高度范围及其上、下层，箍筋应全柱段加密配置，轴压比限值应按其他楼层框架柱的数值增加 0.05 采用。(　　)

A. 对　　　　B. 错

正确答案：B

答案解析：见 GB 55008—2021　4.4.14

56. 混凝土转换柱的箍筋配箍特征值应比普通框架柱要求的数值减少 0.02 采用。(　　)

A. 对　　　　B. 错

正确答案：B

答案解析：见 GB 55008—2021　4.4.11

57. 应对结构混凝土强度等级进行检验评定，试件应在浇筑地点随机抽取。(　　)

A. 对　　　　B. 错

正确答案：A

答案解析：见 GB 55008—2021　5.4.2

58. 对于卧置于地基上的钢筋混凝土板，板中受拉普通钢筋的最小配筋率不应小于 0.25%。(　　)

A. 对　　　　B. 错

正确答案：B

答案解析：见 GB 55008—2021　4.4.6

59. 当采用 C60 以上强度等级的混凝土时，受压构件全部纵向普通钢筋最小配筋率除符合规范规定，还应按规定值增加 0.10%采用。(　　)

A. 对　　　　B. 错

正确答案：B

答案解析：见 GB 55008—2021　4.4.6

60. 预制叠合构件的接合面只要清理干净，就可以进行后浇混凝土施工。(　　)

A. 对　　　　B. 错

正确答案：B

答案解析：见 GB 55008—2021　5.5.2

61. 在施工过程中，钢筋和预应力筋应按设计给定的数量和位置进行安装并固定牢固。(　　)

A. 对　　　　B. 错

正确答案：A

答案解析：见 GB 55008—2021　5.3.3

62. 混凝土结构应根据结构的用途、结构暴露的环境和结构设计工作年限采取保障混凝土结构耐久性能的措施。(　　)

A. 对　　　　B. 错

正确答案：A

答案解析：见 GB 55008—2021　2.0.5

63. 结构混凝土配合比设计应按照混凝土的力学性能、工作性能和适用性要求确定各组成材料的种类、性能及用量要求。(　　)

A. 对　　　　B. 错

正确答案：B

答案解析：见 GB 55008—2021　3.1.6

64. 遭受地震、洪水、台风、火灾、爆炸、撞击等自然灾害或者突发事件后，应立即采取安全治理措施。(　　)

A. 对　　　　B. 错

正确答案：B

答案解析：见 GB 55008—2021　6.3.4

65. 非荷载裂缝主要是混凝土材料收缩变形引起的裂缝，此类裂缝一般不影响结构或构件的承载力，不需要严格控制。(　　)

A. 对　　　　B. 错

正确答案：B

答案解析：见 GB 55008—2021　2.0.8

66.《混凝土结构通用规范》GB 55008—2021，可以代替《混凝土结构工程施工质量验收规范》GB 50204。(　　)

A. 对　　　　B. 错

正确答案：B

答案解析：见前言

67. 对于沿海或酸性环境中的混凝土结构，应检查混凝土表面的中性化和腐蚀状况。(　　)

A. 对　　　　B. 错

正确答案：A

答案解析：见 GB 55008—2021　6.2.1

68. 含有强电解质无机盐的早强剂严禁用于距离高压直流电源 100m 以内的混凝土结构。(　　)

A. 对　　　　B. 错

正确答案：A

答案解析：见 GB 55008—2021　3.1.4

69. 粗骨料含泥量、泥块含量以及坚固性指标对混凝土耐久性影响大，是控制混凝土质量的关键指标。(　　)

A. 对　　　　B. 错

正确答案：A

答案解析：见 GB 55008—2021　3.1.3

70. 与连接体相连的框架柱在连接体高度范围及其上、下层，箍筋应全柱段加密配置，轴压比限值应按其他楼层框架柱的数值采用。(　　)

A. 对　　　　B. 错

正确答案：B

答案解析：见 GB 55008—2021　4.4.14

71. 对设计工作年限为 50 年、抗震等级不低于二级的钢筋混凝土结构构件，混凝土强度等级不应低于 C30。(　　)

A. 对　　　　B. 错

正确答案：A

答案解析：见 GB 55008—2021　2.0.2

72. 应对涉及混凝土结构安全的代表性部位进行实体质量检验。(　　)

A. 对　　　　B. 错

正确答案：A

答案解析：见 GB 55008—2021　5.1.6

73. 转换柱的箍筋配箍特征值应比普通框架柱要求的数值增加 0.02 采用，且箍筋体积配箍率不应小于 2.50%。(　　)

A. 对　　　　B. 错

正确答案：B

答案解析：见 GB 55008—2021　4.4.11

74. 混凝土结构用普通钢筋、预应力筋及结构混凝土的强度设计值应按照其强度标准值取值。(　　)

A. 对　　　　B. 错

正确答案：B

答案解析：见 GB 55008—2021　2.0.4

75. 混凝土结构分析主要是对结构与构件承载能力进行分析计算。(　　)

A. 对　　　　B. 错

正确答案：B

答案解析：见 GB 55008—2021　4.3.5

76. 混凝土运输、输送、浇筑过程中散落的混凝土经过采取措施可用于结构浇筑。(　　)

A. 对　　　　B. 错

正确答案：B

答案解析：见 GB 55008—2021　5.4.1

77. 混凝土结构采用静态破碎拆除时，应分析确定破碎剂注入孔的尺寸并合理布置孔的位置。(　　)

A. 对　　　　B. 错

正确答案：A

答案解析：见 GB 55008—2021　6.4.5

78. 抗震设防烈度为 9 度的高层建筑，不应采用带转换层的结构、带加强层的结构和连体结构。(　　)

A. 对　　　　B. 错

正确答案：A

答案解析：见 GB 55008—2021　4.2.2

79. 混凝土结构工程中创新性的技术方法和措施，应进行论证，在符合 GB 55008—2021 中有关性能要求的前提下，可以采用。(　　)

A. 对　　　　B. 错

正确答案：A

答案解析：见 GB 55008—2021　1.0.3

80. 机械拆除作业应根据建筑物、构筑物的高度选择拆除机械，有可靠防护措施的情况下可以超过机械有效作业高度进行作业。(　　)

A. 对　　B. 错

正确答案：B

答案解析：见 GB 55008—2021　6.4.4

81. 混凝土结构不应采用混凝土结构构件与砌体结构构件混合承重的结构体系。(　　)

A. 对　　B. 错

正确答案：A

答案解析：见 GB 55008—2021　4.2.2

82. 混凝土结构用海砂必须经过净化处理。(　　)

A. 对　　B. 错

正确答案：A

答案解析：见 GB 55008—2021　3.1.2

83. 混凝土结构采用爆破拆除时，应合理布置爆破点位置及施药量，并应采取保证周边环境安全的措施。(　　)

A. 对　　B. 错

正确答案：A

答案解析：见 GB 55008—2021　6.4.6

84. 钢筋机械连接接头可从钢筋料场采取同样的连接方式获取试件，进行性能检验。(　　)

A. 对　　B. 错

正确答案：B

答案解析：见 GB 55008—2021　5.3.1

85. 连接体及与连接体相连的结构构件在连接体高度范围及其上、下层，抗震等级应提高一级采用，已经为一级时应允许不再提高。(　　)

A. 对　　B. 错

正确答案：B

答案解析：见 GB 55008—2021　4.4.14

86. 拆除工程的结构分析应考虑拆除过程可能出现的最不利情况。(　　)

A. 对　　B. 错

正确答案：A

答案解析：见 GB 55008—2021　6.4.1

87. 拆除作业时，拆除过程不宜立体交叉作业。(　　)

A. 对　　　　B. 错

正确答案：B

答案解析：见 GB 55008—2021　6.4.2

88. 混凝土保护层厚度不小于 15mm，就能满足要求。(　　)

A. 对　　　　B. 错

正确答案：B

答案解析：见 GB 55008—2021　2.0.10

89. 计算结构混凝土中水溶性氯离子最大含量时，辅助胶凝材料的量不应小于硅酸盐水泥的量。(　　)

A. 对　　　　B. 错

正确答案：B

答案解析：见 GB 55008—2021　3.1.8

90. 水泥中使用的混合材品种和掺量应在出厂文件中明示。(　　)

A. 对　　　　B. 错

正确答案：A

答案解析：见 GB 55008—2021　3.1.1

91. 进行混凝土结构加固、改造时，既有混凝土结构、结构构件的材料强度可以取原设计材料强度值进行结构设计。(　　)

A. 对　　　　B. 错

正确答案：B

答案解析：见 GB 55008—2021　2.0.12

92. 混凝土保护层厚度应满足混凝土构件的耐久性能及防火性能要求。(　　)

A. 对　　　　B. 错

正确答案：A

答案解析：见 GB 55008—2021　2.0.10

93. 通用技术规范中关键技术措施涵盖了工程规划建设管理采用的全部技术方法和措施。(　　)

A. 对　　　　B. 错

正确答案：B

答案解析：见 GB 55008—2021　1.0.3

94. 不允许出现裂缝的混凝土构件，其混凝土截面不应产生拉应力。(　　)

A. 对　　　　B. 错

正确答案：B

答案解析：见 GB 55008—2021　2.0.8

95. 对硬化混凝土的水泥安定性有异议时，应对水泥中游离氧化钙的潜在危害进行检测。(　　)

A. 对　　　　B. 错

正确答案：A

答案解析：见 GB 55008—2021　6.2.4

96. 除悬臂板、柱支承板之外的板类受弯构件，当纵向受拉钢筋采用强度等级为500MPa 的钢筋时，其最小配筋率应允许采用 0.15%和 0.45f_t/f_y中的较小值。(　　)

A. 对　　　　B. 错

正确答案：B

答案解析：见 GB 55008—2021　4.4.6

97. 混凝土结构的外观质量不应有严重缺陷及影响结构性能和使用功能的尺寸偏差。(　　)

A. 对　　　　B. 错

正确答案：A

答案解析：见 GB 55008—2021　5.1.5

98. 钢筋套筒灌浆连接接头的实测抗拉强度不应小于连接钢筋的抗拉强度设计值。(　　)

A. 对　　　　B. 错

正确答案：B

答案解析：见 GB 55008—2021　3.3.3

99. 进行混凝土结构加固、改造时，应考虑既有结构与新设混凝土结构的协同工作效应。(　　)

A. 对　　　　B. 错

正确答案：A

答案解析：见 GB 55008—2021　2.0.12

100. 进行混凝土结构加固、改造时，应按照既有混凝土结构、结构构件的设计几何尺寸进行结构设计。(　　)

A. 对　　　　B. 错

正确答案：B

答案解析：见 GB 55008—2021　2.0.12

101. 剪力墙的竖向和水平分布钢筋的配筋率，一、二、三、四级抗震等级时均不应小于 0.25%。(　　)

A. 对　　　　B. 错

正确答案：B

答案解析：见 GB 55008—2021　4.4.7

102. 现浇钢筋混凝土实心楼板的厚度不应小于 80mm，现浇空心楼板的顶板、底板厚度均不应小于 50mm。(　　)

A. 对　　　　B. 错

正确答案：A

答案解析：见 GB 55008—2021　4.4.4

103. 预应力筋张拉后应可靠锚固，且不应有断丝或滑丝。(　　)

A. 对　　　　B. 错

正确答案：A

答案解析：见 GB 55008—2021　5.3.4

104. 对于一级、二级抗震等级框架梁，当箍筋直径大于 12mm、肢数不少于 4 肢且肢距不大于 150mm 时，箍筋加密区最大间距应允许放宽到不大于 150mm。(　　)

A. 对　　　　B. 错

正确答案：A

答案解析：见 GB 55008—2021　4.4.8

105. 含有亚硝酸盐的早强型普通减水剂、防冻剂和防水剂，严禁用于使用直流电源的钢筋混凝土结构。(　　)

A. 对　　　　B. 错

正确答案：B

答案解析：见 GB 55008—2021　3.1.4

106. 运输、输送、浇筑过程中散落的混凝土严禁用于结构浇筑。(　　)

A. 对　　　　B. 错

正确答案：A

答案解析：见 GB 55008—2021　5.4.1

107. 按一级抗震等级设计的钢筋混凝土结构，其框架梁构件的纵向受力钢筋抗拉

强度实测值与屈服强度实测值的比值不应大于1.25。(　　)

A. 对　　B. 错

正确答案：B

答案解析：见GB 55008—2021　3.2.3

108. 对特殊混凝土结构的结构性态与安全进行监测，监测期间尚应进行巡视检查与系统维护；台风、洪水等特殊情况时，应增加监测频次。(　　)

A. 对　　B. 错

正确答案：A

答案解析：见GB 55008—2021　6.2.5及6.2.6

109. 正截面承载力简化计算时，钢筋应力不应超过钢筋抗压、抗拉屈服强度值。(　　)

A. 对　　B. 错

正确答案：B

答案解析：见GB 55008—2021　4.4.2

110. 含有碳酸铵、尿素的防冻剂，不应用于预应力混凝土结构。(　　)

A. 对　　B. 错

正确答案：B

答案解析：见GB 55008—2021　3.1.4

111. 当施工中进行混凝土结构构件的钢筋代换时，应取得设计变更文件。(　　)

A. 对　　B. 错

正确答案：A

答案解析：见GB 55008—2021　2.0.11

112. 在潮湿但不含氯离子的环境中，预应力混凝土中水溶性氯离子最大含量不应超过0.05%。(　　)

A. 对　　B. 错

正确答案：B

答案解析：见GB 55008—2021　3.1.8

113. 经检测鉴定，存在安全隐患的结构应采取安全治理措施进行处理。(　　)

A. 对　　B. 错

正确答案：A

答案解析：见GB 55008—2021　6.3.2

114. 混凝土结构工程施工应对已完成的实体进行保护，所以施工过程中对作用在已完成实体上的荷载一律不得超载。(　　)

A. 对　　　　B. 错

正确答案：B

答案解析：见 GB 55008—2021　5.1.1

115. 依据 GB 55008—2021 的规定，混凝土结构用普通钢筋的强度设计值可按其强度标准值取值。(　　)

A. 对　　　　B. 错

正确答案：B

答案解析：见 GB 55008—2021　2.0.4

116. 依据 GB 55008—2021 的规定，含有强电解质无机盐的早强型普通减水剂，可以用在距离高压直流电源 50m 以外的混凝土结构。(　　)

A. 对　　　　B. 错

正确答案：B

答案解析：见 GB 55008—2021　3.1.4

117. 混凝土结构所采用的创新性技术方法和措施是否符合 GB 55008—2021 规范要求，由相关责任主体判定。(　　)

A. 对　　　　B. 错

正确答案：B

答案解析：见 GB 55008—2021　1.0.3

118. 依据 GB 55008—2021 的规定，剪跨比不大于 2 的混凝土柱，箍筋应全高加密，且箍筋间距不应大于 100mm。(　　)

A. 对　　　　B. 错

正确答案：A

答案解析：见 GB 55008—2021　4.4.9

119. 依据 GB 55008—2021 的规定，对于不允许出现裂缝的混凝土构件，混凝土截面可以产生拉应力，最大拉应力不应超过混凝土抗拉强度标准值。(　　)

A. 对　　　　B. 错

正确答案：A

答案解析：见 GB 55008—2021　2.0.8

120. 依据 GB 55008—2021 的规定，混凝土结构的外观质量不应有缺陷及影响结构性能和使用功能的尺寸偏差。(　　)

A. 对　　B. 错

正确答案：B

答案解析：见 GB 55008—2021　5.1.5

121. 依据 GB 55008—2021 的规定，房屋建筑框架和斜撑构件，其纵向受力普通钢筋最大力总延伸率实测值不应小于 9%。(　　)

A. 对　　B. 错

正确答案：B

答案解析：见 GB 55008—2021　3.2.3

122. 依据 GB 55008—2021 的规定，氯离子含量是结构混凝土用水泥的主要控制指标之一。(　　)

A. 对　　B. 错

正确答案：A

答案解析：见 GB 55008—2021　3.1.1

123. 依据 GB 55008—2021 的规定，混凝土结构体系设计可以采用混凝土结构构件与砌体结构构件混合承重的结构体系。(　　)

A. 对　　B. 错

正确答案：B

答案解析：见 GB 55008—2021　4.2.2

124. 依据 GB 55008—2021 的规定，对混凝土结构中受压钢筋的锚固长度没有规定。(　　)

A. 对　　B. 错

正确答案：B

答案解析：见 GB 55008—2021　4.4.5

125. 依据 GB 55008—2021 的规定，混凝土结构构件之间、非结构构件与结构构件之间的连接不应先于被连接构件破坏。(　　)

A. 对　　B. 错

正确答案：A

答案解析：见 GB 55008—2021　4.1.5

126. 依据 GB 55008—2021 的规定，房屋建筑剪力墙的截面厚度不应小于 160mm。(　　)

A. 对　　B. 错

正确答案：B

答案解析：见 GB 55008—2021　4.4.4

127. 依据 GB 55008—2021 的规定，素混凝土结构构件的混凝土强度等级不应低于 C20。(　　)

A. 对　　　　B. 错

正确答案：B

答案解析：见 GB 55008—2021　2.0.2

128. 依据 GB 55008—2021 的规定，进行混凝土结构改造设计时，既有混凝土结构、结构构件的几何尺寸可以按照原设计尺寸考虑。(　　)

A. 对　　　　B. 错

正确答案：B

答案解析：见 GB 55008—2021　2.0.12

四、问答题

1. 根据 GB 55008—2021，施工中进行混凝土结构构件的钢筋代换应满足哪些要求?

正确答案

1）符合设计规定的构件承载能力（等强代换）；2）正常使用、配筋构造要求（不同钢筋牌号、直径对构件混凝土保护层厚度、钢筋锚固性能、钢筋搭接性能、钢筋间距及最小配筋率等影响）；3）耐久性能要求（不同钢筋牌号、直径对裂缝验算、抗震性能等影响）；4）应取得设计变更文件。

答案解析：见 GB 55008—2021　2.0.11

2. 根据 GB 55008—2021，混凝土结构在出现哪些情况时，应采取消除安全隐患的措施进行处理?

正确答案

1）混凝土结构或结构构件的裂缝宽度或挠度超过限值；2）混凝土结构或构件钢筋出现锈胀；3）预应力混凝土构件锚固端的封端混凝土出现裂缝、剥落、渗漏、穿孔、预应力锚具暴露；4）结构混凝土中氯离子含量超标或发现有碱骨料反应迹象。

答案解析：见 GB 55008—2021　6.3.1

3. 根据 GB 55008—2021，混凝土保护层厚度应符合哪些规定?

正确答案

1）满足普通钢筋、有粘结预应力筋与混凝土共同工作性能要求；2）满足混凝土构件的耐久性能及防火性能要求；3）不应小于普通钢筋的公称直径；4）不应小于 15mm。

答案解析：见 GB 55008—2021　2.0.10

4. 根据 GB 55008—2021，混凝土结构工程施工除确保实现设计要求外，还应符合哪些规定?

正确答案

1）应编制施工组织设计、施工方案并实施；2）应制定资源节约和环境保护措施并实施；3）应对已完成的实体进行保护；4）作用在已完成实体上的荷载不应超过规定值。

答案解析：见 GB 55008—2021　5.1.1

5. 根据 GB 55008—2021，混凝土构件受力裂缝的计算应符合哪些规定?

正确答案

混凝土构件受力裂缝的计算应符合下列规定：1）不允许出现裂缝的混凝土构件，应根据实际情况控制混凝土截面不产生拉应力或控制最大拉应力不超过混凝土抗拉强度标准值；2）允许出现裂缝的混凝土构件，应根据构件类别与环境类别控制受力裂缝宽度，使其不致影响设计工作年限内的结构受力性能、使用性能和耐久性能。

答案解析：见 GB 55008—2021　2.0.8

6. 根据 GB 55008—2021，对按一、二、三级抗震等级设计的房屋建筑框架和斜撑构件，其纵向受力普通钢筋性能应符合哪些规定?

正确答案

1）抗拉强度实测值与屈服强度实测值的比值不应小于 1.25；2）屈服强度实测值与屈服强度标准值的比值不应大于 1.30；3）最大力总延伸率实测值不应小于 9%。

答案解析：见 GB 55008—2021　3.2.3

7. 根据 GB 55008—2021，结构计算分析应符合哪些规定?

正确答案

1）满足力学平衡条件；2）满足主要变形协调条件；3）采用合理的钢筋与混凝土本构关系或构件的受力-变形关系；4）计算结果的精度应满足工程设计要求。

答案解析：见 GB 55008—2021　4.3.3

8. 根据 GB 55008—2021，进行混凝土结构加固、改造时，结构设计应考虑哪些影响因素?

正确答案

进行混凝土结构加固、改造时，应考虑既有混凝土结构、结构构件的实际几何尺寸、材料强度、配筋状况、连接构造、既有缺陷、耐久性退化等影响因素进行结构设计，并应考虑既有结构与新设混凝土结构、既有结构构件与新设混凝土结构构件、既有混凝土与后浇混凝土组合构件的协同工作效应。

答案解析：见 GB 55008—2021　2.0.12

9. 根据 GB 55008—2021，如何确定混凝土结构的抗震设防目标和抗震措施?

正确答案

应根据工程所在地的抗震设防烈度、场地类别、设计地震分组及工程的抗震设防类别、抗震性能要求确定混凝土结构的抗震设防目标和抗震措施。

答案解析：见 GB 55008—2021　4.1.2

10. 根据 GB 55008—2021，含有强电解质无机盐的早强型普通减水剂、早强剂、防冻剂和防水剂，严禁用于哪些情况的混凝土结构?

正确答案

1）与镀锌钢材或铝材相接触部位的混凝土结构；2）有外露钢筋、预埋件而无防护措施的混凝土结构；3）使用直流电源的混凝土结构；4）距离高压直流电源 100m 以内的混凝土结构。

答案解析：见 GB 55008—2021　3.1.4

11. 根据 GB 55008—2021，普通钢筋混凝土正截面承载力简化计算时，应符合哪些假定？

正确答案

1）截面应变保持平面；2）不考虑混凝土的抗拉作用；3）应确定混凝土的应力-应变本构关系；4）纵向受拉钢筋的极限拉应变取为 0.01；5）纵向钢筋的应力取钢筋应变与其弹性模量的乘积，且钢筋应力不应超过钢筋抗压、抗拉强度设计值；6）对于轴心受压构件，钢筋的抗压强度设计值取值不应超过 $400N/mm^2$；7）纵向预应力筋的应力取预应力筋应变与其弹性模量的乘积，且预应力筋应力不应大于其抗拉强度设计值。

答案解析：见 GB 55008—2021　4.4.2

12. 根据 GB 55008—2021 规定，混凝土结构工程中混凝土施工应满足哪些强制性规定?

正确答案

1）混凝土运输、输送和浇筑过程中严禁加水，散落的混凝土严禁用于结构浇筑；2）应对结构混凝土强度等级进行检验评定，试件应在浇筑地点随机抽取；3）结构混凝土浇筑应密实，浇筑后应及时进行养护；4）大体积混凝土施工应采取混凝土内外温差控制措施。

答案解析：见 GB 55008—2021　5.4.1、5.4.2、5.4.3 及 5.4.4

13. 根据 GB 55008—2021 规定，在进行结构维护时，应对哪些混凝土结构的性态与安全进行监测?

正确答案

1）高度 350m 及以上的高层与高耸结构；2）施工过程导致结构最终位形与设计目标位形存在较大差异的高层与高耸结构；3）带有隔振体系的高层与高耸或复杂结构；4）跨度大于 50m 的钢筋混凝土薄壳结构。

答案解析：见 GB 55008—2021　6.2.5

施工脚手架通用规范

【国标】

《施工脚手架通用规范》

GB 55023—2022

一、单选题

1. 依据 GB 55023—2022，防护作业脚手架施工荷载标准值不应低于(　　)kN/m^2。

A. 4.0　　B. 3.0　　C. 2.0　　D. 1.0

正确答案：D

答案解析：见 GB 55023—2022　4.2.4

2. 依据 GB 55023—2022，脚手架结构设计计算应依据施工工况选择具有代表性的(　　)杆件及构配件，以其最不利截面和最不利工况作为计算条件。

A. 最不利　　B. 最小　　C. 最危险　　D. 最有利

正确答案：A

答案解析：见 GB 55023—2022　4.3.2

3. 依据 GB 55023—2022，脚手架的架体拆除作业应统一组织，并应设专人指挥，(　　)交叉作业。

A. 可以　　B. 不宜　　C. 严禁　　D. 不得

正确答案：D

答案解析：见 GB 55023—2022　5.4.4

4. 依据 GB 55023—2022，遇有(　　)级及以上强风后应对脚手架进行检查并应形成记录，确认安全后方可继续使用。

A. 6　　B. 7　　C. 8　　D. 9

正确答案：A

答案解析：见 GB 55023—2022　5.3.5

5. 依据 GB 55023—2022，脚手架杆件和构配件强度应按净截面计算；杆件和构配件稳定性、变形应按(　　)计算。

A. 净截面　　B. 毛截面　　C. 全截面　　D. 大截面

正确答案：B

答案解析：见 GB 55023—2022　4.3.3

6. 依据 GB 55023—2022，脚手架结构应按(　　)进行设计。

A. 承载能力极限状态和正常使用极限状态

B. 承载能力和正常使用

C. 受力状态和不受力状态

D. 满载状态和空载状态

正确答案：A

答案解析：见 GB 55023—2022　4.1.2

7. 依据 GB 55023—2022，脚手架搭设过程中，应在下列阶段进行检查，检查合格后方可使用；不合格应进行整改，整改合格后方可使用：搭设支撑脚手架，高度每(　　)或不大于(　　)。

A. 2 步～4 步；5m　B. 3 步～5 步；5m　C. 2 步～4 步；6m　D. 3 步～5 步；6m

正确答案：C

答案解析：见 GB 55023—2022　6.0.4

8. 依据 GB 55023—2022，可以固定在作业脚手架上的是(　　)。

A. 支撑脚手架　B. 混凝土输送泵管　C. 防护网　D. 卸料平台支承件

正确答案：C

答案解析：见 GB 55023—2022　5.3.3

9. 依据 GB 55023—2022，对于无法通过结构分析、外观检查和测量检查确定性能的脚手架材料与构配件，应通过(　　)确定其受力性能。

A. 试验　B. 经验　C. 计算　D. 专家论证

正确答案：A

答案解析：见 GB 55023—2022　3.0.5

10. 依据 GB 55023—2022，构件组装类脚手架的搭设应按照一定的顺序进行。下列简图示意的顺序正确的是(　　)。

注：图中的框线表示架体，数字①、②、③、④、⑤及箭线示意安装的顺序和部位

A. 

B. 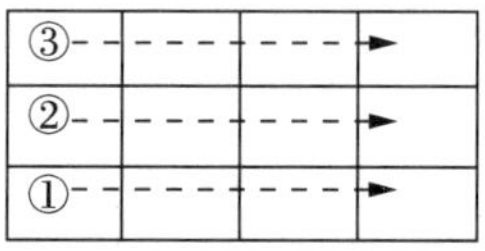

C. 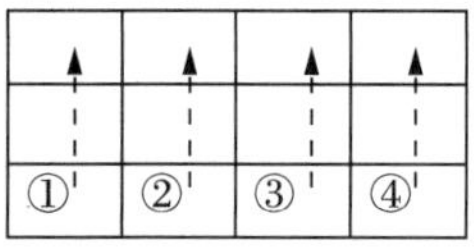

D. 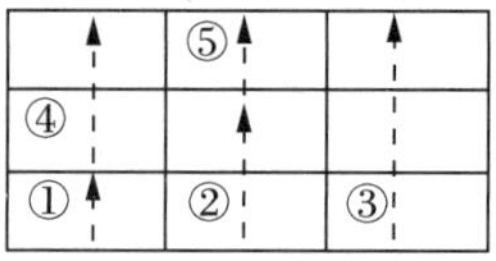

正确答案：A

答案解析：见 GB 55023—2022　5.2.1

11. 依据 GB 55023—2022，附着或支承在工程结构上的脚手架(　　)。

A. 不应使所附着的工程结构或支承脚手架的工程结构受到损害

B. 可以损害所附着的工程结构或支承脚手架的工程结构

C. 可以损害所附着的工程结构但不能损害支承脚手架的工程结构

D. 不应损害所附着的工程结构但可以损害支承脚手架的工程结构

正确答案：A

答案解析：见 GB 55023—2022　2.0.1

12. 依据 GB 55023—2022，下列(　　)种荷载不属于脚手架的可变荷载。

A. 施工荷载　　B. 风荷载

C. 其他可变荷载　　D. 脚手架结构件自重

正确答案：D

答案解析：见 GB 55023—2022　4.2.2 及 4.2.3

13. 依据 GB 55023—2022，落地作业脚手架、悬挑脚手架的搭设应与主体结构工程施工同步，一次搭设高度不应超过最上层连墙件(　　)步，且自由高度不应大于 4m。

A. 1　　B. 2　　C. 3　　D. 4

正确答案：B

答案解析：见 GB 55023—2022　5.2.1

14. 依据 GB 55023—2022，当作业脚手架操作层高出相邻连墙件(　　)个步距及以上时，在上层连墙件安装完毕前，应采取临时拉结措施。

A. 1　　B. 2　　C. 3　　D. 4

正确答案：B

答案解析：见 GB 55023—2022　5.2.2

15. 依据 GB 55023—2022，脚手架作业层应采取安全防护措施，并应符合下列规定：沿所施工建筑物每(　　)层或高度不大于(　　)m 处应设置一层水平防护。

A. 2；8　　B. 3；10　　C. 3；12　　D. 4；15

正确答案：B

答案解析：见 GB 55023—2022　4.4.4

16. 依据 GB 55023—2022，脚手架可调底座和可调托撑调节螺杆伸出长度应经计算确定，并应符合当插入的立杆钢管直径为 48.3mm 及以上时，伸出长度不应大于(　　)mm 的规定。

A. 200　　B. 300　　C. 400　　D. 500

正确答案：D

答案解析：见 GB 55023—2022　4.4.15

17. 依据 GB 55023—2022，雷雨天气、(　　)级及以上大风天气应停止架上作业。

A. 6　　B. 7　　C. 8　　D. 9

正确答案：A

答案解析：见 GB 55023—2022　5.3.2

18. 依据 GB 55023—2022，脚手架应稳固可靠，保证工程建设的顺利实施与安全，并应遵循下列(　　)项原则。

A. 便于搭设拆除　　B. 经济合理

C. 保障人身、财产和公共安全　　D. 周转次数多

正确答案：C

答案解析：见 GB 55023—2022　1.0.3

19. 依据 GB 55023—2022，脚手架作业层应采取安全防护措施，并应符合下列规定：脚手板伸出横向水平杆以外的部分不应大于(　　)mm。

A. 100　　B. 150　　C. 200　　D. 250

正确答案：C

答案解析：见 GB 55023—2022　4.4.4

20. 依据 GB 55023—2022，当作业脚手架搭设高度在(　　)以下时，应在架体两端、转角及中间每隔不超过 15m 各设置一道剪刀撑，并应由底至顶连续设置。

A. 6m　　B. 12m　　C. 18m　　D. 24m

正确答案：D

答案解析：见 GB 55023—2022　4.4.7

21. 依据 GB 55023—2022，装饰装修作业中，脚手架施工荷载标准值不应低于(　　)kN/m^2。

A. 4.0　　B. 3.0　　C. 2.0　　D. 1.0

正确答案：C

答案解析：见 GB 55023—2022　4.2.4

22. 依据 GB 55023—2022，停用超过(　　)时应对脚手架进行检查并应形成记录，确认安全后方可继续使用。

A. 1 个月　　B. 2 个月　　C. 3 个月　　D. 4 个月

正确答案：A

答案解析：见 GB 55023—2022　5.3.5

23. 依据 GB 55023—2022，工程建设所采用的技术方法和措施是否符合本规范要求，由相关责任主体判定。其中，(　　)的技术方法和措施，应进行论证并符合本规范中有关性能的要求。

A. 创新性　　B. 搭设的　　C. 拆除的　　D. 设计的

正确答案：A

答案解析：见 GB 55023—2022　1.0.4

24. 依据 GB 55023—2022，对搭设脚手架的材料、构配件质量，应按(　　)分品种、规格进行检验，检验合格后方可使用。

A. 进场批次　　B. 进场数量　　C. 搭设部位　　D. 验收阶段

正确答案：A

答案解析：见 GB 55023—2022　6.0.1

25. 依据 GB 55023—2022，脚手架结构设计计算应依据施工工况选择具有代表性的最不利杆件及构配件，以其最不利截面和最不利工况作为计算条件，计算单元的选取应符合下列哪项规定？(　　)

A. 应选取架体一般构造节点的杆件、构配件

B. 应选取架体构造变化处或薄弱处的杆件、构配件

C. 应选取架体构造变化不大的杆件、构配件

D. 应选取架体构造变化不明显的杆件、构配件

正确答案：B

答案解析：见 GB 55023—2022　4.3.2

26. 依据 GB 55023—2022，脚手架可调底座和可调托撑调节螺杆伸出长度应经计算确定，并应符合当插入的立杆钢管直径为 42mm 时，伸出长度不应大于(　　)mm 的规定。

A. 100　　B. 150　　C. 200　　D. 250

正确答案：C

答案解析：见 GB 55023—2022　4.4.15

27. 依据 GB 55023—2022，作业脚手架悬挑受弯构件容许挠度（mm）为(　　)。

A. $l/200$　　B. $l/300$　　C. $l/400$　　D. $l/500$

正确答案：C

答案解析：见 GB 55023—2022　4.3.5

28. 依据 GB 55023—2022，构件组装类脚手架搭设不符合要求的是(　　)。

A. 自一端向另一端延伸　　B. 自下而上按步逐层搭设

C. 逐层改变搭设方向　　D. 逐层同方向搭设

正确答案：D

答案解析：见 GB 55023—2022　5.2.1

29. 依据 GB 55023—2022，重型钢结构支撑脚手架上的施工荷载标准值不应低于(　　)。

A. 2.0　　B. 2.5　　C. 3.0　　D. 3.5

正确答案：D

答案解析：见 GB 55023—2022　4.2.4

30. 依据 GB 55023—2022，在脚手架内进行电焊、气焊和其他动火作业时，应在动火申请批准后进行作业，并应采取的措施不包括(　　)。

A. 设置接火斗　　B. 配置灭火器

C. 移开易燃物　　D. 拆除周边及下部防护网

正确答案：D

答案解析：见 GB 55023—2022　5.3.8

31. 依据 GB 55023—2022，脚手架所用杆件和构配件(　　)，并应满足组架方式及构造要求。

A. 可随意使用　　B. 可混搭使用　　C. 应配套使用　　D. 应集中采购

正确答案：C

答案解析：见 GB 55023—2022　3.0.3

32. 依据 GB 55023—2022，脚手架搭设和拆除作业以前，应根据(　　)编制脚手架专项施工方案，并应经审批后实施。

A. 建筑高度　　B. 工程特点　　C. 建筑外形　　D. 建筑结构

正确答案：B

答案解析：见 GB 55023—2022　2.0.3

33. 依据 GB 55023—2022，当附着式升降脚手架在升降作业时或外挂防护架在提升作业时，架体上严禁有人，架体(　　)不得进行交叉作业。

A. 上方　　B. 下方　　C. 上方及下方　　D. 周边

正确答案：B

答案解析：见 GB 55023—2022　5.3.11

34. 依据 GB 55023—2022，脚手架所用杆件和构配件应配套使用，并应满足(　　)。

A. 力学性能的要求　　B. 工程造价低的要求

C. 组架方式及构造要求　　D. 脚手架计算的要求

正确答案：C

答案解析：见 GB 55023—2022　3.0.3

35. 依据 GB 55023—2022，脚手架作业层上的荷载不得超过(　　)。

A. 荷载设计值　　B. 1.2 倍的荷载设计值

C. 2.0倍的荷载设计值　　D. 50%的荷载设计值

正确答案：A

答案解析：见GB 55023—2022　5.3.1

36. 依据GB 55023—2022，在计算水平风荷载标准值时，(　　)等特殊脚手架结构应计入风荷载的脉动增大效应。

A. 低矮建筑　　B. 高耸塔式结构、悬臂结构

C. 大跨度结构　　D. 宽大建筑

正确答案：B

答案解析：见GB 55023—2022　4.2.5

37. 依据GB 55023—2022，作业脚手架应按设计计算和构造要求设置连墙件，并应符合下列要求：连墙点的水平间距不得超过(　　)跨，竖向间距不得超过(　　)步。

A. 2；2　　B. 2；3　　C. 3；2　　D. 3；3

正确答案：D

答案解析：见GB 55023—2022　4.4.6

38. 依据GB 55023—2022，当作业脚手架上存在2个及以上作业层同时作业时，在同一跨距内各操作层的施工荷载标准值总和取值不应小于(　　)kN/m^2。

A. 3.0　　B. 4.0　　C. 5.0　　D. 6.0

正确答案：C

答案解析：见GB 55023—2022　4.2.4

39. 依据GB 55023—2022，脚手架材料与构配件在使用周期内，应及时检查、分类、维护、保养，对不合格品应(　　)，并应形成文件记录。

A. 低价变卖　　B. 厂家召回

C. 用于低标准工程上　　D. 及时报废

正确答案：D

答案解析：见GB 55023—2022　3.0.4

40. 依据GB 55023—2022，脚手架结构设计计算应依据施工工况选择具有代表性的最不利杆件及构配件，以其(　　)作为计算条件。

A. 最大截面和最不利工况　　B. 最小截面和最不利工况

C. 最不利截面和最不利工况　　D. 最有利截面和最有利工况

正确答案：C

答案解析：见GB 55023—2022　4.3.2

41. 依据GB 55023—2022，模板支撑脚手架受弯杆件容许挠度为(　　)。

A. $l/200$　　B. $l/300$　　C. $l/400$　　D. $l/150$

正确答案：C

答案解析：见 GB 55023—2022　4.3.5

42. 依据 GB 55023—2022，应对支撑脚手架的工程结构和脚手架所附着的工程结构进行强度和变形验算，当验算不能满足安全承载要求时，(　　)。

A. 应根据验算结果采取相应的加固措施

B. 应根据验算结果组织专家论证

C. 应根据验算结果重新验算

D. 应根据验算结果对支撑脚手架进行加固

正确答案：A

答案解析：见 GB 55023—2022　4.1.4

43. 依据 GB 55023—2022，在进行脚手架设计时应对脚手架的荷载进行识别，对脚手架荷载分类合理、全面的是：脚手架承受的荷载包括(　　)。

A. 水平荷载和竖向荷载　　B. 上人荷载和风荷载

C. 永久荷载和可变荷载　　D. 地震荷载和风荷载

正确答案：C

答案解析：见 GB 55023—2022　4.2.1

44. 依据 GB 55023—2022，脚手架作业层应采取安全防护措施，并应符合下列规定：当作业层边缘与结构外表面的距离大于(　　)mm 时，应采取防护措施。

A. 100　　B. 150　　C. 250　　D. 300

正确答案：B

答案解析：见 GB 55023—2022　4.4.4

45. 依据 GB 55023—2022，下列脚手架地基需要满足的条件不包括(　　)。

A. 应平整坚实，应满足承载力和变形要求

B. 应设置排水措施，搭设场地不应积水

C. 冬期施工应采取防冻胀措施

D. 脚手架地基应经现浇混凝土硬化

正确答案：D

答案解析：见 GB 55023—2022　4.1.3

46. 依据 GB 55023—2022，作业脚手架应按设计计算和构造要求设置连墙件，并应符合下列要求：在架体的转角处、开口型作业脚手架端部应增设连墙件，连墙件竖向间距不应大于建筑物层高，且不应大于(　　)m。

A. 3　　B. 4　　C. 5　　D. 6

正确答案：B

答案解析：见 GB 55023—2022　4.4.6

47. 依据 GB 55023—2022，脚手架应稳固可靠，保证工程建设的顺利实施与安全，并应遵循下列哪项原则？（　　）

A. 便于搭设和拆除

B. 符合国家资源节约利用、环保、防灾减灾、应急管理等政策

C. 经济合理

D. 周转次数多

正确答案：B

答案解析：见 GB 55023—2022　1.0.3

48. 依据 GB 55023—2022，脚手架可调底座和可调托撑调节螺杆插入脚手架立杆内的长度不应小于（　　）mm。

A. 100　　B. 150　　C. 200　　D. 250

正确答案：B

答案解析：见 GB 55023—2022　4.4.15

49. 依据 GB 55023—2022，在遇到雨、雪、雾天气时，应（　　）。

A. 停止架上作业　　B. 停止脚手架的搭设和拆除作业

C. 停止脚手架的检查　　D. 停止脚手架的加固

正确答案：B

答案解析：见 GB 55023—2022　5.3.2

50. 依据 GB 55023—2022，依据 GB 55023—2022，对于脚手架上的动力荷载，应将振动、冲击物体的自重乘以动力系数（　　）后计入可变荷载标准值。

A. 1.05　　B. 1.15　　C. 1.25　　D. 1.35

正确答案：D

答案解析：见 GB 55023—2022　4.2.6

51. 依据 GB 55023—2022，脚手架材料与构配件应有（　　）。

A. 产品型式检验报告　　B. 产品质量合格证明文件

C. 产品说明书　　D. 产品应用证明文件

正确答案：B

答案解析：见 GB 55023—2022　3.0.2

52. 依据 GB 55023—2022，依据 GB 55023—2022，轻钢空间网架结构支撑脚手架上的施工荷载标准值不应低于（　　）。

A. 2.0　　B. 2.5　　C. 3.0　　D. 3.5

正确答案：A

答案解析：见 GB 55023—2022　4.2.4

53. 依据 GB 55023—2022，脚手架(　　)，应将脚手架专项施工方案向施工现场管理人员及作业人员进行安全技术交底。

A. 搭设后和拆除作业前　　B. 搭设和拆除作业前

C. 搭设和拆除作业后　　D. 拆除作业后

正确答案：B

答案解析：见 GB 55023—2022　2.0.4

54. 依据 GB 55023—2022，脚手架专项施工方案可不包括哪项内容？(　　)

A. 工程概况和编制依据　　B. 脚手架类型选择

C. 脚手架性价比分析　　D. 所用材料、构配件类型及规格

正确答案：C

答案解析：见 GB 55023—2022　2.0.3

55. 依据 GB 55023—2022，脚手架应根据(　　)进行设计。

A. 使用功能和环境　　B. 脚手架作业需求

C. 建设单位要求　　D. 施工单位作业需求

正确答案：A

答案解析：见 GB 55023—2022　2.0.2

56. 依据 GB 55023—2022，连墙件的安装应(　　)。

A. 随作业脚手架搭设同步进行　　B. 在作业脚手架搭设后进行

C. 在作业脚手架搭设前进行　　D. 与作业脚手架搭设无先后关系

正确答案：A

答案解析：见 GB 55023—2022　5.2.2

57. 依据 GB 55023—2022，工程建设所采用的技术方法和措施是否符合规范要求，由(　　)判定。

A. 总包单位　　B. 专业分包单位　　C. 监理单位　　D. 相关责任主体

正确答案：D

答案解析：见 GB 55023—2022　1.0.4

58. 依据 GB 55023—2022，脚手架设计应采用以(　　)极限状态设计方法，并应以分项系数设计表达式进行计算。

A. 统计理论为基础的　　B. 概率理论为基础的

C. 数理统计理论为基础的　　D. 有限元理论为基础的

正确答案：B

答案解析：见 GB 55023—2022　4.1.1

59. 依据 GB 55023—2022，当脚手架专项施工方案需要修改时，(　　)。

A. 修改后的方案应经审批后实施　　B. 修改后的方案不需再经审批

C. 修改后的方案可直接经交底后实施　　D. 修改后的方案可直接实施

正确答案：A

答案解析：见 GB 55023—2022　2.0.6

60. 依据 GB 55023—2022，为了保证脚手架稳固可靠，脚手架设计计算应根据工程实际施工工况进行，结果应全面满足脚手架各项性能的要求。这些性能包括(　　)。

A. 构造　　B. 强度、刚度、稳定性

C. 承载力　　D. 抗剪、抗弯

正确答案：B

答案解析：见 GB 55023—2022　4.3.1

61. 依据 GB 55023—2022，脚手架搭设时必须同步完成的项目不包括(　　)。

A. 剪刀撑、斜撑杆　　B. 连墙件

C. 脚手架内的上下通道　　D. 安全防护网、防护栏杆等防护设施

正确答案：C

答案解析：见 GB 55023—2022　5.2.1、5.2.2 及 5.2.4

62. 依据 GB 55023—2022，支撑脚手架上移动的设备、工具等物品应按其自重计算(　　)标准值。

A. 可变荷载　　B. 永久荷载　　C. 恒荷载　　D. 移动荷载

正确答案：A

答案解析：见 GB 55023—2022　4.2.4

63. 依据 GB 55023—2022，其他主体结构工程作业脚手架施工荷载标准值不应低于(　　)kN/m^2。

A. 4.0　　B. 3.0　　C. 2.0　　D. 1.0

正确答案：C

答案解析：见 GB 55023—2022　4.2.4

64. 依据 GB 55023—2022，作业脚手架上的施工荷载标准值（kN/m^2）应根据实际情况确定，且不低于基本要求，下面描述正确的是：(　　)。

A. 砌筑工程作业中，作业脚手架施工荷载标准值不应低于 2.0kN/m^2

B. 其他主体结构工程作业中，作业脚手架施工荷载标准值不应低于 3.0kN/m²
C. 装饰装修作业中，作业脚手架施工荷载标准值不应低于 2.0kN/m²
D. 防护中，作业脚手架施工荷载标准值不应低于 2.0kN/m²
正确答案：C
答案解析：见 GB 55023—2022　4.2.4

65. 依据 GB 55023—2022，可调底座和可调托撑螺杆插入脚手架立杆钢管内的间隙不应大于(　　)mm。

A. 2.0　　B. 2.5　　C. 3.0　　D. 3.5

正确答案：B
答案解析：见 GB 55023—2022　4.4.16

66. 依据 GB 55023—2022，作业脚手架的纵向外侧立面上应设置竖向剪刀撑，并应符合下列规定：当搭设高度在 24m 以下时，应在架体两端、转角及中间每隔不超过(　　)各设置一道剪刀撑，并应由底至顶连续设置。

A. 9m　　B. 12m　　C. 15m　　D. 18m

正确答案：C
答案解析：见 GB 55023—2022　4.4.7

67. 依据 GB 55023—2022，脚手架设计应采用以概率理论为基础的(　　)设计方法。

A. 动态荷载　　B. 永久荷载　　C. 极限状态　　D. 常规状态

正确答案：C
答案解析：见 GB 55023—2022　4.1.1

68. 依据 GB 55023—2022，脚手架材料、构配件质量现场检验应采用(　　)的方法进行外观质量、实测实量检验。

A. 分层抽样　　B. 系统抽样　　C. 随机抽样　　D. 非随机抽样

正确答案：C
答案解析：见 GB 55023—2022　6.0.2

69. 依据 GB 55023—2022，脚手架搭设和拆除作业前，应将脚手架专项施工方案向(　　)进行安全技术交底。

A. 施工企业管理人员　　B. 木工班组
C. 施工现场管理人员及作业人员　　D. 全体人员

正确答案：C
答案解析：见 GB 55023—2022　2.0.4

70. 依据 GB 55023—2022，脚手架使用过程中，不应改变脚手架(　　)。

A. 使用方案　　B. 使用主体　　C. 使用期限　　D. 结构体系

正确答案：D

答案解析：见 GB 55023—2022　2.0.5

71. 依据 GB 55023—2022，普通钢结构支撑脚手架上的施工荷载标准值不应低于(　　)。

A. 2.0　　B. 2.5　　C. 3.0　　D. 3.5

正确答案：C

答案解析：见 GB 55023—2022　4.2.4

72. 依据 GB 55023—2022，附着式升降脚手架在使用过程中，可以拆除的是(　　)。

A. 防倾、防坠控制装置　　B. 停层、荷载控制装置

C. 独立架设的卸料平台　　D. 同步升降控制装置

正确答案：C

答案解析：见 GB 55023—2022　5.3.10

73. 依据 GB 55023—2022，下列哪种荷载不属于脚手架的永久荷载？(　　)

A. 脚手架结构件自重　　B. 脚手板、安全网、栏杆等附件的自重

C. 施工荷载　　D. 支撑脚手架所支撑的物体自重

正确答案：C

答案解析：见 GB 55023—2022　4.2.2 及 4.2.3

74. 依据 GB 55023—2022，脚手架的架体拆除时，对拆除后的脚手架材料与构配件要求不正确的是(　　)。

A. 严禁高空抛掷　　B. 抛掷在指定的安全区域

C. 传送至就近的结构层　　D. 传送至底层或基础层

正确答案：B

答案解析：见 GB 55023—2022　5.4.5

75. 依据 GB 55023—2022，脚手架设计时，荷载应按承载能力极限状态和正常使用极限状态计算的需要分别进行组合，并应根据正常搭设、使用或拆除过程中在脚手架上可能同时出现的荷载，取(　　)的荷载组合。

A. 最有利　　B. 最小　　C. 最有效　　D. 最不利

正确答案：D

答案解析：见 GB 55023—2022　4.2.7

76. 依据 GB 55023—2022，脚手架材料与构配件在使用周期内，应及时检查、分类、维护、保养，对不合格品应(　　)，并应形成文件记录。

A. 修正后使用　　B. 及时补修　　C. 及时报废　　D. 降级使用

正确答案：C

答案解析：见 GB 55023—2022　3.0.4

77. 依据 GB 55023—2022，支撑脚手架上的施工荷载标准值应根据实际情况确定，下列说法正确的是(　　)。

A. 对于有水平泵管设置的混凝土结构模板支撑脚手架，施工荷载标准值不应低于 4.0kN/m²

B. 对于一般混凝土结构模板支撑脚手架，施工荷载标准值不应低于 2.0kN/m²

C. 对于普通钢结构安装支撑脚手架，施工荷载标准值不应低于 2.0kN/m²

D. 对于重型钢结构安装支撑脚手架，施工荷载标准值不应低于 3.0kN/m²

正确答案：A

答案解析：见 GB 55023—2022　4.2.4

78. 依据 GB 55023—2022，当作业脚手架上存在(　　)作业层同时作业时，在同一跨距内各操作层的施工荷载标准值总和取值不应小于 5.0kN/m²。

A. 4 个及以上　　B. 3 个及以上　　C. 2 个及以上　　D. 1 个及以上

正确答案：C

答案解析：见 GB 55023—2022　4.2.4

79. 依据 GB 55023—2022，附着式升降脚手架在竖向主框架所覆盖的每个楼层均应设置(　　)附墙支座。

A. 一道　　B. 两道　　C. 三道　　D. 四道

正确答案：A

答案解析：见 GB 55023—2022　4.4.9

80. 依据 GB 55023—2022，作业脚手架的纵向外侧立面上应设置竖向剪刀撑，每道剪刀撑的宽度应为(　　)，且不应小于(　　)，也不应大于(　　)。

A. 3 跨～5 跨；5m；8m　　B. 3 跨～5 跨；6m；9m

C. 4 跨～6 跨；5m；8m　　D. 4 跨～6 跨；6m；9m

正确答案：D

答案解析：见 GB 55023—2022　4.4.7

81. 依据 GB 55023—2022，一般混凝土结构模板支撑脚手架上的施工荷载标准值不应低于(　　)。

A. 2.0　　B. 2.5　　C. 3.0　　D. 3.5

正确答案：B

答案解析：见 GB 55023—2022　4.2.4

82. 依据 GB 55023—2022，脚手架搭设和拆除作业以前，应根据工程特点编制脚手架专项施工方案，并应经(　　)实施。

A. 审批后　　B. 论证后　　C. 验收后　　D. 报告后

正确答案：A

答案解析：见 GB 55023—2022　2.0.3

83. 依据 GB 55023—2022，脚手架应(　　)，保证工程建设的顺利实施与安全。

A. 经久耐用　　B. 构造简单　　C. 安装简便　　D. 稳固可靠

正确答案：D

答案解析：见 GB 55023—2022　1.0.3

84. 依据 GB 55023—2022，现场需要对作业脚手架分段拆除，正确的做法是(　　)。

A. 严禁分段拆除

B. 先对未拆除部分采取加固处理措施后再进行架体拆除

C. 部分拆除后对未拆除部分应及时采取加固处理

D. 拆除的部位不得超过原有架体的 30%

正确答案：B

答案解析：见 GB 55023—2022　5.4.3

85. 依据 GB 55023—2022，下列脚手架性能中描述错误的是(　　)。

A. 应满足承载力设计要求

B. 可以发生影响正常使用的适当变形

C. 应满足使用要求，并应具有安全防护功能

D. 附着或支承在工程结构上的脚手架，不应使所附着的工程结构或支承脚手架的工程结构受到损害

正确答案：B

答案解析：见 GB 55023—2022　2.0.1

86. 依据 GB 55023—2022，作业脚手架拆除作业过程中，同层杆件和构配件应按(　　)的顺序拆除。

A. 内后外　　B. 先外后内　　C. 内外交替　　D. 同步同时拆除

正确答案：B

答案解析：见 GB 55023—2022　5.4.2

87. 依据 GB 55023—2022，脚手架作业层外侧应采用安全网封闭，当采用密目安全网封闭时，密目安全网应满足(　　)要求。

A. 不燃　B. 难燃　C. 阻燃　D. 不易燃

正确答案：C

答案解析：见 GB 55023—2022　4.4.4

88. 依据 GB 55023—2022，脚手架材料与构配件的性能指标应满足(　　)，质量应符合国家现行相关标准的规定。

A. 脚手架计算的需要　B. 脚手架使用的需要

C. 工程造价低的要求　D. 力学性能的要求

正确答案：B

答案解析：见 GB 55023—2022　3.0.1

89. 依据 GB 55023—2022，落地作业脚手架、悬挑脚手架的搭设应与主体结构工程施工同步，一次搭设高度不应超过最上层连墙件(　　)，且自由高度不应大于(　　)。

A. 1 步；2m　B. 2 步；2m　C. 2 步；4m　D. 3 步；6m

正确答案：C

答案解析：见 GB 55023—2022　5.2.1

90. 依据 GB 55023—2022，有水平泵管设置的混凝土结构模板支撑脚手架上的施工荷载标准值不应低于(　　)kN/m^2。

A. 2.0　B. 2.5　C. 3.0　D. 4.0

正确答案：D

答案解析：见 GB 55023—2022　4.2.4

91. 依据 GB 55023—2022，作业脚手架的纵向外侧立面上应设置竖向剪刀撑，剪刀撑斜杆与水平面的倾角应为(　　)。

A. 45°～55°　B. 45°～60°　C. 45°～75°　D. 50°～60°

正确答案：B

答案解析：见 GB 55023—2022　4.4.7

92. 依据 GB 55023—2022，作业脚手架拆除作业过程中，当架体悬臂段高度超过(　　)步时，应加设临时拉结。

A. 2　B. 3　C. 4　D. 6

正确答案：A

答案解析：见 GB 55023—2022　5.4.2

93. 依据 GB 55023—2022，脚手架立杆间距、步距应通过(　　)确定。

A. 设计　　B. 计算　　C. 规范　　D. 实验数据

正确答案：A

答案解析：见 GB 55023—2022　4.4.3

94. 依据 GB 55023—2022，轻钢结构支撑脚手架上的施工荷载标准值不应低于(　　)kN/m^2。

A. 2.0　　B. 2.5　　C. 3.0　　D. 3.5

正确答案：A

答案解析：见 GB 55023—2022　4.2.4

95. 依据 GB 55023—2022，作业脚手架应按设计计算和构造要求设置连墙件，并应符合下列要求：连墙点之上架体的悬臂高度不应超过(　　)步。

A. 1　　B. 2　　C. 3　　D. 4

正确答案：B

答案解析：见 GB 55023—2022　4.4.6

96. 依据 GB 55023—2022，当在脚手架上架设临时施工用电线路时，应有绝缘措施，操作人员应穿(　　)。

A. 防滑鞋　　B. 防护用品　　C. 防雷设施　　D. 绝缘防滑鞋

正确答案：D

答案解析：见 GB 55023—2022　5.1.3

97. 依据 GB 55023—2022，支撑脚手架应设置竖向和水平剪刀撑，剪刀撑的设置应均匀、对称，并应符合下列规定：每道竖向剪刀撑的宽度应为(　　)，剪刀撑斜杆的倾角应为(　　)。

A. 4～6m；45°～60°　　B. 5～8m；45°～55°

C. 6～9m；45°～60°　　D. 7～10m；45°～55°

正确答案：C

答案解析：见 GB 55023—2022　4.4.13

98. 依据 GB 55023—2022，脚手架杆件和构配件强度应按(　　)计算；杆件和构配件稳定性、变形应按毛截面计算。

A. 净截面　　B. 毛截面　　C. 全截面　　D. 大截面

正确答案：A

答案解析：见 GB 55023—2022　4.3.3

99. 依据 GB 55023—2022，砌筑工程作业脚手架施工荷载标准值不应低于(　　)kN/m^2。

A. 4.0　　B. 3.0　　C. 2.0　　D. 1.0

正确答案：B

答案解析：见 GB 55023—2022　4.2.4

100. 依据 GB 55023—2022，(　　)属于脚手架的永久荷载。

A. 风荷载　　B. 脚手架附件的自重

C. 施工荷载　　D. 其他可变荷载

正确答案：B

答案解析：见 GB 55023—2022　4.2.2

101. 依据 GB 55023—2022 规定，脚手架底部立杆应设置(　　)扫地杆，扫地杆应与相邻立杆连接稳固。

A. 纵向　　B. 横向　　C. 纵向和横向　　D. 无要求

正确答案：C

答案解析：见 GB 55023—2022　4.4.5

102. 依据 GB 55023—2022 规定，房屋建筑工程的外墙悬挑脚手架纵向外侧立面剪刀撑宽度应为(　　)。

A. 4～6 跨　　B. 3～6 跨

C. 6～9m　　D. 全外侧立面由底到顶连续设置

正确答案：D

答案解析：见 GB 55023—2022　4.4.7

103. 依据 GB 55023—2022 规定，支撑脚手架独立架体高宽比不应大于(　　)。

A. 1.0　　B. 2.0　　C. 3.0　　D. 4.0

正确答案：C

答案解析：见 GB 55023—2022　4.4.12

104. 依据 GB 55023—2022 规定，脚手架杆件连接节点应有足够的强度和转动刚度，架体在使用期内节点应(　　)。

A. 无变形　　B. 无松动　　C. 无震动　　D. 无冲击

正确答案：B

答案解析：见 GB 55023—2022　4.4.2

105. 依据 GB 55023—2022 规定，脚手架搭设和拆除作业以前，应根据(　　)编制脚手架专项施工方案，并应经审批后实施。

A. 脚手架类型　　B. 建筑环境　　C. 材料与构配件　　D. 工程特点

正确答案：D

答案解析：见 GB 55023—2022　2.0.3

106. 依据 GB 55023—2022，混凝土结构楼板支撑脚手架，采用汽车泵浇筑混凝土的施工荷载标准值取值不应小于(　　)kN/m^2。

A. 2.0　　B. 2.5　　C. 4.0　　D. 5.0

正确答案：B

答案解析：见 GB 55023—2022　4.2.4

107. 依据 GB 55023—2022，脚手架应根据使用功能和(　　)进行设计。

A. 承载力　　B. 变形　　C. 构造　　D. 环境

正确答案：D

答案解析：见 GB 55023—2022　2.0.2

108. 依据 GB 55023—2022，脚手架在使用过程中，遇到(　　)情况，应立即撤离作业人员，并应及时组织检查处置。

A. 大雨后

B. 6 级及以上强风后

C. 因连接节点产生滑移而不适于继续承载

D. 冻结地基土解冻后

正确答案：C

答案解析：见 GB 55023—2022　5.3.6

109. 依据 GB 55023—2022，对于 11 层高度为 44m 的房屋建筑工程的外墙落地脚手架，应设置不少于(　　)层水平防护。

A. 2　　B. 3　　C. 4　　D. 5

正确答案：C

答案解析：见 GB 55023—2022　4.4.4

110. 依据 GB 55023—2022，悬挑脚手架悬挑结构构件等涉及架体使用安全的构配件应(　　)检验。

A. 分批次抽样　　B. 分品种抽样　　C. 全数　　D. 随机抽样

正确答案：C

答案解析：见 GB 55023—2022　6.0.3

111. 依据 GB 55023—2022，构件组装类脚手架的搭设应自一端向另一端延伸，自下而上按步逐层搭设，并应(　　)搭设。

A. 逐层同向　　B. 逐层改向　　C. 两层同向　　D. 两层改向

正确答案：B

答案解析：见 GB 55023—2022　5.2.1

112. 依据 GB 55023—2022，悬挑 2m 的作业脚手架受弯构件允许扰度值应为(　　)。

A. 5mm　　B. 10mm　　C. 15mm　　D. 20mm

正确答案：B

答案解析：见 GB 55023—2022　4.3.5

113. 依据 GB 55023—2022，脚手架专项施工方案应包括(　　)内容。

A. 材料与构配件数量　　B. 作业人员规模

C. 结构设计计算书　　D. 审批要求

正确答案：C

答案解析：见 GB 55023—2022　2.0.3

114. 依据 GB 55023—2022，脚手架的架体拆除作业应按(　　)的顺序进行。

A. 自上而下按步逐层　　B. 上下同时

C. 先内后外　　D. 先左后右逐跨

正确答案：A

答案解析：见 GB 55023—2022　5.4.2

115. 依据 GB 55023—2022，脚手架的材料、构配件质量现场检验，应采用随机抽样的方法进行(　　)检验。

A. 实测实量　　B. 见证送检

C. 外观质量　　D. 外观质量、实测实量

正确答案：D

答案解析：见 GB 55023—2022　6.0.2

二、多选题

1. 依据 GB 55023—2022，下列脚手架受弯构件容许挠度值（mm）正确的是(　　)。

A. 脚手板：$l/100$ 与 10 取较小值　　B. 水平杆件：$l/150$ 与 10 取较小值

C. 作业脚手架悬挑受弯杆件：$l/400$　　D. 模板支撑脚手架受弯杆件：$l/400$

E. 水平杆件：$l/100$ 与 10 取较小值

正确答案：BCD

答案解析：见 GB 55023—2022　4.3.5

2. 依据 GB 55023—2022，下列哪种荷载属于脚手架的可变荷载？(　　)

A. 施工荷载　　B. 风荷载

C. 其他可变荷载　　D. 脚手架结构件自重

E. 脚手板、安全网、栏杆等附件的自重

正确答案：ABC

答案解析：见 GB 55023—2022　4.2.2 及 4.2.3

3. 依据 GB 55023—2022，(　　)天气应停止架上作业。

A. 4 级大风　　B. 6 级大风　　C. 7 级大风　　D. 8 级大风

E. 雷雨

正确答案：BCDE

答案解析：见 GB 55023—2022　5.3.2

4. 依据 GB 55023—2022，脚手架在计算水平风荷载标准值时，(　　)等特殊脚手架结构应计入风荷载的脉动增大效应。

A. 低矮建筑　　B. 高耸塔式结构　　C. 大跨度结构　　D. 宽大建筑

E. 悬臂结构

正确答案：BE

答案解析：见 GB 55023—2022　4.2.5

5. 依据 GB 55023—2022，脚手架搭设和拆除作业以前，应根据工程特点编制脚手架专项施工方案，并应经审批后实施。脚手架专项施工方案应包括下列哪些主要内容？(　　)

A. 工程概况和编制依据　　B. 材料采购计划

C. 结构与构造设计施工图　　D. 结构设计计算书

E. 材料运输路线

正确答案：ACD

答案解析：见 GB 55023—2022　2.0.3

6. 依据 GB 55023—2022，下列描述不合理的是(　　)。

A. 脚手架材料与构配件应有产品应用证明

B. 脚手架材料与构配件应有产品本地应用证明

C. 脚手架材料与构配件应有产品推广证

D. 脚手架材料与构配件应有工程业绩证明

E. 脚手架材料与构配件应有产品质量合格证明文件

正确答案：ABCD

答案解析：见 GB 55023—2022　3.0.2

7. 依据 GB 55023—2022，下列对脚手架应用描述不正确的是(　　)。

A. 对于无法通过结构分析、外观检查和测量检查确定性能的材料与构配件，应通过试验确定其受力性能

B. 对于无法通过结构分析、外观检查和测量检查确定性能的材料与构配件，应通过专家论证确定其受力性能

C. 对于无法通过结构分析、外观检查和测量检查确定性能的材料与构配件，应通过计算确定其受力性能

D. 对于无法通过结构分析、外观检查和测量检查确定性能的材料与构配件，应通过类似工程经验确定其受力性能

E. 对于无法通过结构分析、外观检查和测量检查确定性能的材料与构配件，应通过数理统计分析确定其受力性能

正确答案：BCDE

答案解析：见 GB 55023—2022　3.0.5

8. 依据 GB 55023—2022，支撑脚手架上的施工荷载标准值应根据实际情况确定，且不应低于(　　)。

A. 有水平泵管设置的混凝土结构模板支撑脚手架：4.0kN/m^2

B. 一般混凝土结构模板支撑脚手架：2.5kN/m^2

C. 普通钢结构安装支撑脚手架：3.0kN/m^2

D. 重型钢结构安装支撑脚手架：3.0kN/m^2

E. 轻钢结构、轻钢空间网架结构：2.0kN/m^2

正确答案：ABCE

答案解析：见 GB 55023—2022　4.2.4

9. 依据 GB 55023—2022，脚手架设计计算应根据工程实际施工工况进行，结果应满足对脚手架(　　)的要求。

A. 强度　　B. 延性　　C. 刚度　　D. 耐久性

E. 稳定性

正确答案：ACE

答案解析：见 GB 55023—2022　4.3.1

10. 依据 GB 55023—2022，下列描述不正确的是(　　)。

A. 脚手架结构应按承载能力极限状态和正常使用极限状态进行设计

B. 脚手架结构应按承载能力和正常使用状态进行设计

C. 脚手架结构应按受力状态和不受力状态进行设计

D. 脚手架结构应按满载状态和空载状态进行设计

E. 脚手架结构应按满负荷状态和半负荷状态进行设计

正确答案：BCDE

答案解析：见 GB 55023—2022　4.1.2

11. 依据 GB 55023—2022，脚手架构造措施应满足的要求包括(　　)。

A. 合理　　B. 齐全

C. 完整　　D. 符合计算结果的要求

E. 保证架体传力清晰、受力均匀

正确答案：ABCE

答案解析：见 GB 55023—2022　4.4.1

12. 依据 GB 55023—2022，作业脚手架应采取可靠的构造加强措施的部位包括(　　)。

A. 楼面高度大于连墙件设置竖向高度的部位

B. 塔式起重机、施工升降机、物料平台等设施断开或开洞处

C. 立杆间距调整的部位

D. 附着、支承于工程结构的连接处

E. 平面布置的转角处

正确答案：ABDE

答案解析：见 GB 55023—2022　4.4.10

13. 依据 GB 55023—2022，脚手架搭设过程中，应在下列(　　)阶段进行检查，检查合格后方可使用；不合格应进行整改，整改合格后方可使用。

A. 基础完工后及脚手架搭设前

B. 首层水平杆搭设后

C. 作业脚手架每搭设一个楼层高度

D. 脚手架的每层脚手板铺设完成

E. 脚手架的每层连墙件安装完成

正确答案：ABC

答案解析：见 GB 55023—2022　6.0.4

14. 依据 GB 55023—2022，脚手架性能应符合(　　)规定。

A. 应满足承载力设计要求

B. 不应发生影响正常使用的变形

C. 应满足使用要求，并应具有安全防护功能

D. 附着或支承在工程结构上的脚手架，不应使所附着的工程结构或支承脚手架的工程结构受到损害

E. 鼓励脚手架的技术创新和管理创新

正确答案：ABCD

答案解析：见 GB 55023—2022　2.0.1

15. 依据 GB 55023—2022，脚手架结构设计计算应依据施工工况选择具有代表性的最不利杆件及构配件，以其最不利截面和最不利工况作为计算条件，计算单元的选取应符合规定(　　)。

A. 应选取受力最大的杆件、构配件

B. 应选取跨距、间距变化和几何形状、承力特性改变部位的杆件、构配件

C. 应选取架体构造变化处或薄弱处的杆件、构配件

D. 应选取受力最小的杆件、构配件

E. 当脚手架上有集中荷载作用时，尚应选取集中荷载作用范围内受力最大的杆件、构配件

正确答案：ABCE

答案解析：见 GB 55023—2022　4.3.2

16. 依据 GB 55023—2022，脚手架搭设过程中，应在(　　)阶段进行检查，检查合格后方可使用；不合格应进行整改，整改合格后方可使用。

A. 基础完工后及脚手架搭设前

B. 首层水平杆搭设后

C. 悬挑脚手架悬挑结构搭设固定后

D. 作业脚手架每搭设两个楼层高度

E. 外挂防护架在首次安装完毕

正确答案：ABCE

答案解析：见 GB 55023—2022　6.0.4

17. 依据 GB 55023—2022，脚手架搭设和拆除作业以前，应根据工程特点编制脚手架专项施工方案，并应经审批后实施。脚手架专项施工方案应包括下列哪些主要内容？(　　)

A. 搭设脚手架人员劳动保护配备

B. 搭设、拆除施工计划

C. 搭设、拆除技术要求

D. 质量控制措施

E. 安全控制措施

正确答案：BCDE

答案解析：见 GB 55023—2022　2.0.3

18. 依据 GB 55023—2022，下列属于脚手架地基应符合的规定包括(　　)。

A. 应平整坚实，应满足承载力和变形要求

B. 应设置排水措施，搭设场地不应积水

C. 脚手架地基应挖至建筑物基础持力层

D. 冬期施工应采取防冻胀措施

E. 脚手架地基应经现浇混凝土硬化

正确答案：ABD

答案解析：见 GB 55023—2022　4.1.3

19. 依据 GB 55023—2022，脚手架工程应有验收制度，脚手架搭设达到设计高度或附着式升降脚手架安装就位后，应进行验收，验收不合格的，不得使用。脚手架工程的验收应包括的内容有(　　)。

A. 架体搭设人员的专业工种上岗证

B. 搭设场地、支承结构件的固定

C. 架体材料与构配件质量、架体搭设质量

D. 专项施工方案、产品合格证、使用说明及检测报告、检查记录、测试记录等技术资料

E. 架体的外观

正确答案：BCD

答案解析：见 GB 55023—2022　6.0.5

20. 依据 GB 55023—2022，下列描述错误的是(　　)。

A. 当脚手架专项施工方案需要修改时，修改后的方案可直接实施

B. 当脚手架专项施工方案需要修改时，修改后的方案应经专家论证后实施

C. 当脚手架专项施工方案需要修改时，修改后的方案应经交底后实施

D. 当脚手架专项施工方案需要修改时，修改后的方案可按照原方案实施

E. 当脚手架专项施工方案需要修改时，修改后的方案应经审批后实施

正确答案：ABCD

答案解析：见 GB 55023—2022　2.0.6

21. 依据 GB 55023—2022，严禁将(　　)等固定在作业脚手架上。

A. 支撑脚手架

B. 混凝土输送泵管

C. 防护网

D. 升降机楼层通道的防护栏板

E. 卸料平台支承件

正确答案：ABE

答案解析：见 GB 55023—2022　5.3.3

22. 依据 GB 55023—2022，脚手架搭设时必须同步完成的包括(　　)。

A. 剪刀撑、斜撑杆

B. 连墙件

C. 脚手架内的上下通道

D. 警示标牌

E. 安全防护网、防护栏杆等防护设施

正确答案：ABE

答案解析：见 GB 55023—2022　5.2.1、5.2.2 及 5.2.4

23. 依据 GB 55023—2022，关于脚手架杆件和构配件的指标计算，下列叙述正确的是(　　)。

A. 脚手架杆件和构配件强度应按毛截面计算
B. 脚手架杆件和构配件稳定性、变形应按净截面计算
C. 脚手架杆件和构配件强度应按净截面计算
D. 杆件和构配件稳定性、变形应按毛截面计算
E. 脚手架杆件和构配件强度、稳定性、变形均应按净截面计算
正确答案：CD
答案解析：见 GB 55023—2022　4.3.3

24. 依据 GB 55023—2022，严禁将(　　)等固定在作业脚手架上。
A. 支撑脚手架　　B. 缆风绳
C. 混凝土输送泵管　　D. 大型设备的支承件
E. 脚手板
正确答案：ABCD
答案解析：见 GB 55023—2022　5.3.3

25. 依据 GB 55023—2022，作业脚手架应按设计计算和构造要求设置连墙件，并应符合(　　)要求。
A. 连墙点的水平间距不得超过 3 跨
B. 连墙点的竖向间距不得超过 3 步
C. 连墙点之上架体的悬臂高度不应超过 3 步
D. 在架体的转角处、开口型作业脚手架端部应增设连墙件，连墙件竖向间距不应大于建筑物层高，且不应大于 6m
E. 连墙件应采用能承受压力和拉力的刚性构件
正确答案：ABE
答案解析：见 GB 55023—2022　4.4.6

26. 依据 GB 55023—2022，支撑脚手架竖向剪刀撑斜杆的倾角可以是(　　)。
A. 35°　　B. 45°　　C. 50°　　D. 60°
E. 80°
正确答案：BCD
答案解析：见 GB 55023—2022　4.4.13

27. 依据 GB 55023—2022，脚手架应按顺序搭设。每搭设完一步距架体后，应及时校正(　　)。
A. 立杆间距　　B. 步距　　C. 垂直度　　D. 水平杆的水平度
E. 剪刀撑的角度
正确答案：ABCD
答案解析：见 GB 55023—2022—2022　5.2.1

28. 依据 GB 55023—2022，关于脚手架的拆除作业规定，下列说法不正确的是(　　)。

A. 架体拆除应自一端向另一端延伸，按自上而下的方式进行

B. 同层杆件和构配件应按先外后内的顺序拆除

C. 剪刀撑、斜撑杆等加固杆件应提前拆除

D. 作业脚手架连墙件应随架体逐层、同步拆除，不应先将连墙件整层或数层拆除后再拆架体

E. 作业脚手架拆除作业过程中，当架体悬臂段高度超过一个楼层高度时，应加设临时拉结

正确答案：ACE

答案解析：见 GB 55023—2022　5.4.2

29. 依据 GB 55023—2022，脚手架设计时，荷载应按承载能力极限状态和正常使用极限状态计算的需要分别进行组合，并应根据(　　)过程中在脚手架上可能同时出现的荷载，取最不利的荷载组合。

A. 购买　　B. 安装　　C. 使用　　D. 拆除

E. 正常搭设

正确答案：CDE

答案解析：见 GB 55023—2022　4.2.7

30. 依据 GB 55023—2022，悬挑脚手架在使用过程中，应定期进行检查并形成记录，检查的内容及要求包括(　　)。

A. 主要受力杆件、剪刀撑等加固杆件和连墙件应无缺失、无松动。

B. 架体应无明显变形。

C. 架体上应无垃圾。

D. 安全防护设施应齐全、有效，应无损坏缺失。

E. 悬挑支承结构应稳固，立杆底端应无松动、无悬空。

正确答案：ABDE

答案解析：见 GB 55023—2022　5.3.4

31. 依据 GB 55023—2022，当遇到(　　)情况之一时，应对脚手架进行检查并应形成记录，确认安全后方可继续使用。

A. 承受偶然荷载后　　B. 遇有 6 级及以上强风后

C. 大雨及以上降水后　　D. 停用超过 1 个月

E. 局部进行了加固

正确答案：ABCD

答案解析：见 GB 55023—2022　5.3.5

32. 依据 GB 55023—2022，脚手架应按顺序搭设，并应符合(　　)。
A. 悬挑脚手架的搭设应与主体结构工程施工同步
B. 一次搭设高度不应超过最上层连墙件 3 步
C. 构件组装类脚手架的搭设应自一端向另一端延伸
D. 剪刀撑、斜撑杆等加固杆件应随架体同步搭设
E. 每搭设完一步距架体后，应及时校正立杆间距
正确答案：ACDE
答案解析：见 GB 55023—2022　5.2.1

33. 依据 GB 55023—2022，下列关于作业脚手架施工荷载标准值（kN/m^2）的描述正确的是(　　)。
A. 砌筑工程作业：3.0　　B. 其他主体结构工程作业：3.0
C. 装饰装修作业：2.0　　D. 防护：1.0
E. 装饰装修作业：2.5
正确答案：ACD
答案解析：见 GB 55023—2022　4.2.4

34. 依据 GB 55023—2022，脚手架应根据(　　)进行设计。
A. 使用功能　　B. 建筑高度　　C. 环境　　D. 建筑宽度
E. 建筑类型
正确答案：AC
答案解析：见 GB 55023—2022　2.0.2

35. 依据 GB 55023—2022，作业脚手架应在全外侧立面上由底至顶连续设置竖向剪刀撑的情况包括(　　)。
A. 搭设高度在 24m 及以上　　B. 搭设高度在 20m 以上
C. 悬挑脚手架　　D. 附着式升降脚手架
E. 塔式起重机、施工升降机所在立面的外架
正确答案：ACD
答案解析：见 GB 55023—2022　4.4.7 及 4.4.10

36. 依据 GB 55023—2022，杆件和构配件(　　)应按毛截面计算。
A. 变形　　B. 强度　　C. 延性　　D. 稳定性
E. 耐久性
正确答案：AD
答案解析：见 GB 55023—2022　4.3.3

37. 依据 GB 55023—2022，下列与脚手架有关的临时用电线路管理要求符合的是(　　)。

A. 当在脚手架上架设临时施工用电线路时，应有绝缘措施，操作人员应穿绝缘防滑鞋

B. 严禁施工用电线路穿越架体

C. 脚手架与架空输电线路之间应设有安全距离

D. 应设置接地、防雷设施

E. 经检查后符合质量等级的线路允许搭设在架体上

正确答案：ACD

答案解析：见 GB 55023—2022　5.1.3

38. 依据 GB 55023—2022，脚手架的验收应包括(　　)。

A. 材料与构配件质量

B. 支承结构件的固定

C. 架体搭设质量

D. 产品使用说明及检测报告

E. 设计报告

正确答案：ABCD

答案解析：见 GB 55023—2022　6.0.5

39. 依据 GB 55023—2022，当脚手架按承载能力极限状态设计时，应采用(　　)计算。

A. 荷载基本组合　B. 材料强度设计值　C. 荷载标准组合　D. 变形限值

E. 变形标准组合

正确答案：AB

答案解析：见 GB 55023—2022　4.3.4

40. 依据 GB 55023—2022，当在狭小空间或空气不流通空间进行搭设、使用和拆除脚手架作业时，应采取的正确措施包括(　　)。

A. 保证足够的氧气供应措施

B. 限定空间内操作人员的数量

C. 防止有毒有害物质积聚

D. 增加空间内操作人员的数量

E. 防止易燃易爆物质积聚

正确答案：ACE

答案解析：见 GB 55023—2022　5.1.4

41. 依据 GB 55023—2022，脚手架搭设前，对于涉及架体使用安全的构配件应全数检验。全数检验的材料和构配件包括(　　)。

A. 可调底座和可调托撑

B. 支撑架用于立杆的杆件

C. 附着式升降脚手架支座

D. 附着式升降脚手架防倾、防坠、荷载控制装置

E. 悬挑脚手架悬挑结构件

正确答案：CDE

答案解析：见 GB 55023—2022　6.0.3

42. GB 55023—2022 中关于作业脚手架需要采取封闭措施的部位及其封闭措施，描述正确的包括(　　)。

A. 作业脚手架底层脚手板应采取封闭措施

B. 作业脚手架内侧与建筑的空隙部位应采取封闭措施

C. 作业脚手架外侧应采用安全网封闭

D. 沿所施工建筑物每 2 层或高度不大于 6m 处应设置 1 层水平防护

E. 临街作业脚手架的外侧立面、转角处应采取有效硬防护措施

正确答案：ACE

答案解析：见 GB 55023—2022　4.4.4 及 4.4.11

43. 依据 GB 55023—2022，脚手架材料与构配件在使用周期内，应及时(　　)，对不合格品应及时报废，并应形成文件记录。

A. 检查　　B. 拆除　　C. 分类　　D. 维护

E. 保养

正确答案：ACDE

答案解析：见 GB 55023—2022　3.0.4

44. 依据 GB 55023—2022，对搭设脚手架的材料、构配件质量，应分批、分类进行检验，检验合格后方可使用。分批、分类的原则：按(　　)进行检验。

A. 品种　　B. 规格　　C. 数量　　D. 使用部位

E. 进场批次

正确答案：ABE

答案解析：见 GB 55023—2022　6.0.1

45. 依据 GB 55023—2022，下列属于脚手架的永久荷载的是(　　)。

A. 脚手架结构件自重　　B. 脚手板、安全网、栏杆等附件的自重

C. 施工荷载　　D. 支撑脚手架所支撑的物体自重

E. 风荷载

正确答案：ABD

答案解析：见 GB 55023—2022　4.2.2 及 4.2.3

46. 依据 GB 55023—2022，脚手架在使用过程中出现安全隐患时，应及时排除；当出现(　　)状态之一时，应立即撤离作业人员，并应及时组织检查处置。

A. 杆件、连接件因超过材料强度破坏，或因连接节点产生滑移，或因过度变形而不适于继续承载

B. 脚手架部分结构失去平衡；脚手架结构杆件发生失稳

C. 防护设施受到损坏

D. 脚手架发生整体倾斜

E. 地基部分失去继续承载的能力

正确答案：ABDE

答案解析：见 GB 55023—2022　5.3.6

47. 依据 GB 55023—2022，脚手架搭设和拆除作业以前，应根据工程特点编制脚手架专项施工方案，并应经审批后实施。脚手架专项施工方案主要内容应包括(　　)。

A. 工程概况和编制依据　　B. 脚手架类型选择

C. 所用材料、构配件类型及规格　　D. 脚手架使用注意事项

E. 应急预案

正确答案：ABCE

答案解析：见 GB 55023—2022　2.0.3

48. 依据 GB 55023—2022，停止操作人员上架作业的天气及状况，包括(　　)。

A. 雷雨天气　　B. 6 级及以上大风天气

C. 雨、雾天气　　D. 下霜后

E. 下雪后未清除积雪

正确答案：ABE

答案解析：见 GB 55023—2022　5.3.2

49. 依据 GB 55023—2022，脚手架杆件连接节点应具备(　　)，架体在使用期内节点应无松动。

A. 足够强度　　B. 转动刚度　　C. 侧移刚度　　D. 稳定性

E. 耐久性

正确答案：AB

答案解析：见 GB 55023—2022　4.4.2

50. 依据 GB 55023—2022，脚手架应稳固可靠，保证工程建设的顺利实施与安全，并应遵循下列原则：(　　)。

A. 符合国家资源节约利用、环保、防灾减灾、应急管理等政策

B. 保障人身、财产和公共安全

C. 安装简便

D. 鼓励脚手架的技术创新和管理创新

E. 价格便宜

正确答案：ABD

答案解析：见 GB 55023—2022　1.0.3

51. 依据 GB 55023—2022，脚手架搭设过程中，应在(　　)阶段进行检查，检查合格后方可使用；不合格应进行整改，整改合格后方可使用。

A. 附着式升降脚手架支座、悬挑脚手架悬挑结构搭设固定后

B. 附着式升降脚手架、悬挑脚手架的首层搭设完成后

C. 附着式升降脚手架在每次提升前、提升就位后

D. 附着式升降脚手架在每次下降前、下降就位后

E. 外挂防护架在首次安装完毕、每次提升前、提升就位后

正确答案：ACDE

答案解析：见 GB 55023—2022　6.0.4

52. 依据 GB 55023—2022，脚手架搭设和拆除作业前，应将脚手架专项施工方案向(　　)进行安全技术交底。

A. 现场电工　　B. 施工现场管理人员

C. 作业人员　　D. 后勤人员

E. 木工

正确答案：BC

答案解析：见 GB 55023—2022　2.0.4

53. 依据 GB 55023—2022，作业脚手架的连墙件应(　　)。

A. 仅承受拉力的刚性构件　　B. 仅承受压力的刚性构件

C. 采用能承受压力和拉力的刚性构件　　D. 仅与工程结构牢固连接

E. 与工程结构和架体牢固连接

正确答案：CE

答案解析：见 GB 55023—2022　4.4.6

54. 依据 GB 55023—2022，脚手架性能应符合(　　)规定。

A. 满足承载力设计要求　　B. 满足使用要求

C. 经济实用　　D. 具有安全防护功能

E. 简单方便

正确答案：ABD

答案解析：见 GB 55023—2022　2.0.1

55. 依据 GB 55023—2022，房屋建筑工程外墙脚手架搭设中，应在下列(　　)环节进行检查。

A. 基础完工及脚手架搭设前　　B. 首层水平杆搭设后

C. 搭设 2 步高度　　　　　　　　D. 搭设一个楼层高度
E. 搭设到设计高度
正确答案：ABD
答案解析：见 GB 55023—2022　6.0.4

56. 依据 GB 55023—2022，脚手架结构按承载能力极限状态进行设计时，应采用(　　)进行计算。
A. 荷载标准组合　B. 材料强度设计值　C. 变形值　　D. 荷载基本组合
E. 材料强度标准值
正确答案：BD
答案解析：见 GB 55023—2022　4.3.4

57. 依据 GB 55023—2022，脚手架搭设和拆除前，应(　　)。
A. 编制专项施工方案　　　　　　B. 专项施工方案应进行审批
C. 方案修改　　　　　　　　　　D. 组织方案专家论证
E. 方案安全技术交底
正确答案：ABE
答案解析：见 GB 55023—2022　2.0.3 及 2.0.4

58. 依据 GB 55023—2022，脚手架搭设和拆除作业时，下列(　　)防护措施应遵守。
A. 非作业人员不宜入内　　　　　B. 设置安全警戒线
C. 安全交底　　　　　　　　　　D. 作业人员应穿防滑鞋
E. 设置安全警戒标志
正确答案：BDE
答案解析：见 GB 55023—2022　5.1.1 及 5.1.2

59. 依据 GB 55023—2022，脚手架的(　　)应通过设计确定。
A. 立杆间距　　B. 水平杆布置　　C. 立杆步距　　D. 剪刀撑宽度
E. 扫地杆设置
正确答案：AC
答案解析：见 GB 55023—2022　4.4.3

60. 依据 GB 55023—2022，下列(　　)荷载应属于混凝土结构支撑脚手架承受的永久荷载。
A. 脚手架上移动设备自重　　　　B. 脚手架结构构件自重
C. 脚手架的动力荷载　　　　　　D. 混凝土浇筑水平泵管重量
E. 所支撑的物体自重

正确答案：BE

答案解析：见 GB 55023—2022　4.2.2、4.2.3 及 4.2.4

61. 依据 GB 55023—2022，脚手架在使用过程中遇到下列(　　)情况，应对脚手架进行检查，并根据检查情况进行处置。

A. 更换了部分安全网　　B. 承受偶然荷载后

C. 6 级及以上强风后　　D. 停用 1 个月以上

E. 架体上存在建筑垃圾

正确答案：BCD

答案解析：见 GB 55023—2022　5.3.5

三、判断题

1. 依据 GB 55023—2022，附着式升降脚手架在竖向主框架所覆盖的每个楼层均应设置一道附墙支座，应保证连续的两道附墙支座能承担竖向主框架的全部荷载。(　　)

A. 对　　B. 错

正确答案：B

答案解析：见 GB 55023—2022　4.4.9

2. 依据 GB 55023—2022，支撑脚手架上移动的设备、工具等物品应按其自重计算可变荷载标准值。(　　)

A. 对　　B. 错

正确答案：A

答案解析：见 GB 55023—2022　4.2.4

3. 依据 GB 55023—2022，附着或支承在工程结构上的脚手架，不应使所附着的工程结构或支承脚手架的工程结构受到损害。(　　)

A. 对　　B. 错

正确答案：A

答案解析：见 GB 55023—2022　2.0.1

4. 依据 GB 55023—2022，临街作业脚手架的靠墙立面、转角处应采取有效硬防护措施。(　　)

A. 对　　B. 错

正确答案：B

答案解析：见 GB 55023—2022　4.4.11

5. 依据 GB 55023—2022，脚手架的连墙件应与工程结构和架体连接牢固。连墙件可采用能承受压力的构件和承受拉力的构件组合使用。(　　)

A. 对　　B. 错

正确答案：B

答案解析：见 GB 55023—2022　4.4.6

6. 依据 GB 55023—2022，涉及架体使用安全的构件（如升降脚手架的支座及防倾、防坠、荷载控制装置，悬挑脚手架的悬挑结构件）应全数检验。(　　)

A. 对　　B. 错

正确答案：A

答案解析：见 GB 55023—2022　6.0.3

7. 依据 GB 55023—2022，在搭设和拆除脚手架作业时，应设置安全警戒线、警戒标志，并应由专人监护，严禁非作业人员入内。(　　)

A. 对　　B. 错

正确答案：A

答案解析：见 GB 55023—2022　5.1.2

8. 依据 GB 55023—2022，悬挑脚手架、附着式升降脚手架应在全外侧立面上由底至顶连续设置竖向剪刀撑。(　　)

A. 对　　B. 错

正确答案：A

答案解析：见 GB 55023—2022　4.4.7

9. 依据 GB 55023—2022，脚手架使用过程中，可以根据工程具体情况改变其结构体系。(　　)

A. 对　　B. 错

正确答案：B

答案解析：见 GB 55023—2022　2.0.5

10. 依据 GB 55023—2022，当附着式升降脚手架在升降作业时或外挂防护架在提升作业时，架体上应有专人进行监视，架体下方不得进行交叉作业。(　　)

A. 对　　B. 错

正确答案：B

答案解析：见 GB 55023—2022　5.3.11

11. 依据 GB 55023—2022，脚手架构造措施应合理、齐全、完整，并应保证架体传力清晰、受力均匀。(　　)

A. 对　　B. 错

正确答案：A

答案解析：见 GB 55023—2022　4.4.1

12. 依据 GB 55023—2022，脚手架材料与构配件在使用周期内，应及时检查、分类、维护、保养，对不合格品应及时报废，并应形成文件记录。(　　)

A. 对　　B. 错

正确答案：A

答案解析：见 GB 55023—2022　3.0.4

13. 依据 GB 55023—2022，支撑脚手架的水平杆应按步距沿纵向或横向通长连续设置，且应与相邻立杆连接稳固。(　　)

A. 对　　B. 错

正确答案：B

答案解析：见 GB 55023—2022　4.4.14

14. 依据 GB 55023—2022，冬期施工脚手架地基应采取防冻胀措施。(　　)

A. 对　　B. 错

正确答案：A

答案解析：见 GB 55023—2022　4.1.3

15. 依据 GB 55023—2022，脚手架拆除前，应清除该作业层上的堆放物。(　　)

A. 对　　B. 错

正确答案：A

答案解析：见 GB 55023—2022　5.4.1

16. 依据 GB 55023—2022，施工荷载属于永久荷载。(　　)

A. 对　　B. 错

正确答案：B

答案解析：见 GB 55023—2022　4.2.2

17. 依据 GB 55023—2022，脚手架设计计算应根据工程实际施工工况进行，结果应满足对脚手架强度、刚度、稳定性的要求。(　　)

A. 对　　B. 错

正确答案：A

答案解析：见 GB 55023—2022　4.3.1

18. 依据 GB 55023—2022，脚手架搭设时必须同步完成的包括脚手架内的上下通

道。(　　)

A. 对　　B. 错

正确答案：B

答案解析：见 GB 55023—2022　5.2.1、5.2.2 及 5.2.4

19. 依据 GB 55023—2022，脚手架材料与构配件应有产品质量合格证明文件。(　　)

A. 对　　B. 错

正确答案：A

答案解析：见 GB 55023—2022　3.0.2

20. 依据 GB 55023—2022，作业脚手架在塔式起重机、施工升降机、物料平台等设施断开或开洞处应采取可靠的构造加强措施。(　　)

A. 对　　B. 错

正确答案：A

答案解析：见 GB 55023—2022　4.4.10

21. 依据 GB 55023—2022，脚手架应根据使用功能和环境进行设计。(　　)

A. 对　　B. 错

正确答案：A

答案解析：见 GB 55023—2022　2.0.2

22. 依据 GB 55023—2022，悬挑脚手架的搭设因需要设置悬挑构件并等待该层的结构砼养护期，可以比主体结构工程滞后但不得超过 2 层。(　　)

A. 对　　B. 错

正确答案：B

答案解析：见 GB 55023—2022　5.2.1

23. 依据 GB 55023—2022，悬挑脚手架应在立杆底部设置纵横向扫地杆，并应连续设置水平剪刀撑或水平斜撑杆。(　　)

A. 对　　B. 错

正确答案：B

答案解析：见 GB 55023—2022　4.4.8

24. 依据 GB 55023—2022，脚手架设计时，荷载应按承载能力极限状态和正常使用极限状态计算的需要分别进行组合，并应根据正常搭设、使用或拆除过程中在脚手架上可能同时出现的荷载，取最不利的荷载组合。(　　)

A. 对　　B. 错

正确答案：A

答案解析：见 GB 55023—2022　4.2.7

25. 依据 GB 55023—2022，脚手架工程采用创新性的技术方法和措施，应进行论证并符合规范中有关性能的要求。(　　)

A. 对　　B. 错

正确答案：A

答案解析：见 GB 55023—2022　1.0.4

26. 依据 GB 55023—2022，脚手架应稳固可靠，保证工程建设的顺利实施与安全。(　　)

A. 对　　B. 错

正确答案：A

答案解析：见 GB 55023—2022　1.0.3

27. 依据 GB 55023—2022，脚手架设计时，荷载应按承载能力极限状态和正常使用极限状态计算的需要分别进行组合，并应根据正常搭设、使用或拆除过程中在脚手架上可能同时出现的荷载，取最有利的荷载组合。(　　)

A. 对　　B. 错

正确答案：B

答案解析：见 GB 55023—2022　4.2.7

28. 依据 GB 55023—2022，对于无法通过结构分析、外观检查和测量检查确定性能的材料与构配件，应通过专家论证的方式确定其受力性能。(　　)

A. 对　　B. 错

正确答案：B

答案解析：见 GB 55023—2022　3.0.5

29. 依据 GB 55023—2022，脚手架承受的荷载应包括永久荷载和风荷载。(　　)

A. 对　　B. 错

正确答案：B

答案解析：见 GB 55023—2022　4.2.1

30. 依据 GB 55023—2022，对脚手架材料、构配件质量进行外观质量、实测实量现场检验时，采用的方法是随机抽样。(　　)

A. 对　　B. 错

正确答案：A

答案解析：见 GB 55023—2022　6.0.2

31. 依据 GB 55023—2022，悬挑脚手架、附着式升降脚手架在搭设时，悬挑支承结构、附着支座的锚固应稳固可靠。(　　)

A. 对　　B. 错

正确答案：A

答案解析：见 GB 55023—2022　5.2.3

32. 依据 GB 55023—2022，当脚手架专项施工方案需要修改时，修改后的方案应经审批后实施。(　　)

A. 对　　B. 错

正确答案：A 答案解析：见 GB 55023—2022　2.0.6

33. 依据 GB 55023—2022，作业脚手架上悬挂起重设备，应经过计算和设计。(　　)

A. 对　　B. 错

正确答案：B

答案解析：见 GB 55023—2022　5.3.3

34. 依据 GB 55023—2022，脚手架结构设计计算应依据施工工况选择具有代表性的最不利杆件及构配件，以其最不利截面和最不利工况作为计算条件。(　　)

A. 对　　B. 错

正确答案：A

答案解析：见 GB 55023—2022　4.3.2

35. 依据 GB 55023—2022，搭设和拆除脚手架作业时，作业人员的个人防护用品满足高处作业的要求即可。(　　)

A. 对　　B. 错

正确答案：B

答案解析：见 GB 55023—2022　5.1.1

36. 依据 GB 55023—2022，对于脚手架上的动力荷载，应将振动、冲击物体的自重乘以动力系数 1.50 后计入可变荷载标准值。(　　)

A. 对　　B. 错

正确答案：B

答案解析：见 GB 55023—2022　4.2.6

37. 依据 GB 55023—2022，脚手架性能应满足承载力设计要求。(　　)

A. 对　　B. 错

正确答案：A

答案解析：见 GB 55023—2022　2.0.1

38. 依据 GB 55023—2022，脚手架性能不应发生影响正常使用的变形。(　　)

A. 对　　　　B. 错

正确答案：A

答案解析：见 GB 55023—2022　2.0.1

39. 依据 GB 55023—2022，脚手架所用杆件和构配件应配套使用，并应满足组架方式及构造要求。(　　)

A. 对　　　　B. 错

正确答案：A

答案解析：见 GB 55023—2022　3.0.3

40. 依据 GB 55023—2022，脚手架杆件和构配件强度应按净截面计算；杆件和构配件稳定性、变形应按毛截面计算。(　　)

A. 对　　　　B. 错

正确答案：A

答案解析：见 GB 55023—2022　4.3.3

41. 依据 GB 55023—2022，支撑脚手架独立架体高宽比不应大于 3.0。(　　)

A. 对　　　　B. 错

正确答案：A

答案解析：见 GB 55023—2022　4.4.12

42. 依据 GB 55023—2022，脚手架结构件自重属于永久荷载。(　　)

A. 对　　　　B. 错

正确答案：A

答案解析：见 GB 55023—2022　4.2.2

43. 依据 GB 55023—2022，对于脚手架上的动力荷载，应将振动、冲击物体的自重乘以动力系数 1.35 后计入永久荷载标准值。(　　)

A. 对　　　　B. 错

正确答案：B

答案解析：见 GB 55023—2022　4.2.6

44. 依据 GB 55023—2022，脚手架立杆间距、步距应通过设计确定。(　　)

A. 对　　　　B. 错

正确答案：A

答案解析：见 GB 55023—2022 4.4.3

45. 依据 GB 55023—2022，脚手架搭设和拆除作业前，应将脚手架专项施工方案向施工现场所有人员进行安全技术交底。(　　)

A. 对　　　　B. 错

正确答案：B

答案解析：见 GB 55023—2022 2.0.4

46. 依据 GB 55023—2022，砌筑工程作业脚手架施工荷载标准值不小于 $3.0kN/m^2$。(　　)

A. 对　　　　B. 错

正确答案：A

答案解析：见 GB 55023—2022 4.2.4

47. 依据 GB 55023—2022，脚手架杆件和构配件强度应按净截面计算。(　　)

A. 对　　　　B. 错

正确答案：A

答案解析：见 GB 55023—2022 4.3.3

48. 依据 GB 55023—2022，在计算水平风荷载标准值时，超限结构、悬臂结构等特殊脚手架结构应计入风荷载的脉动增大效应。(　　)

A. 对　　　　B. 错

正确答案：B

答案解析：见 GB 55023—2022 4.2.5

49. 依据 GB 55023—2022，室外脚手架在遇到雨、雪、雾天气时，应停止架上作业。(　　)

A. 对　　　　B. 错

正确答案：B

答案解析：见 GB 55023—2022 5.3.2

50. 依据 GB 55023—2022，脚手架架体拆除作业拆除后的脚手架材料与构配件应抛向限定的安全区域。(　　)

A. 对　　　　B. 错

正确答案：B

答案解析：见 GB 55023—2022 5.4.5

51. 依据 GB 55023—2022，脚手架搭设达到设计高度或安装就位后，应进行验收。因进场材料及构配件已经验收，该项验收不再包含此项内容。(　　)

A. 对　　B. 错

正确答案：B

答案解析：见 GB 55023—2022　6.0.5

52. 依据 GB 55023—2022，脚手架承受的荷载应包括永久荷载和可变荷载。(　　)

A. 对　　B. 错

正确答案：A

答案解析：见 GB 55023—2022　4.2.1

53. 依据 GB 55023—2022，连墙件应采用能承受压力和拉力的刚性构件，并应与工程结构和架体连接牢固。(　　)

A. 对　　B. 错

正确答案：A

答案解析：见 GB 55023—2022　4.4.6

54. 依据 GB 55023—2022，脚手架地基应设置排水措施，搭设场地不应积水。(　　)

A. 对　　B. 错

正确答案：A

答案解析：见 GB 55023—2022　4.1.3

55. 依据 GB 55023—2022，装饰装修作业脚手架施工荷载标准值为 2.5kN/m^2。(　　)

A. 对　　B. 错

正确答案：B

答案解析：见 GB 55023—2022　4.2.4

56. 依据 GB 55023—2022，作业架外立面的竖向剪刀撑和支撑架的竖向剪刀撑斜杆的倾斜角度按照要求为 40°～60°。(　　)

A. 对　　B. 错

正确答案：B

答案解析：见 GB 55023—2022　4.4.7 及 4.4.13

57. 依据 GB 55023—2022，脚手架底部立杆应至少沿一个方向设置扫地杆，扫地杆应与相邻立杆连接稳固。(　　)

A. 对　　B. 错

正确答案：B

答案解析：见 GB 55023—2022　4.4.5

58. 依据 GB 55023—2022，脚手架材料、构配件质量现场检验应采用按照进场数量划定检验批的方法进行外观质量、实测实量检验。(　　)

A. 对　　B. 错

正确答案：B

答案解析：见 GB 55023—2022　6.0.2

59. 依据 GB 55023—2022，进行脚手架的拆除作业时，同层杆件和构配件应按先内后外的顺序拆除。(　　)

A. 对　　B. 错

正确答案：B

答案解析：见 GB 55023—2022　5.4.2

60. 依据 GB 55023—2022，脚手架立杆间距、步距通过计算确定。(　　)

A. 对　　B. 错

正确答案：B

答案解析：见 GB 55023—2022　4.4.3

61. 依据 GB 55023—2022，支撑脚手架应设置竖向和水平剪刀撑，剪刀撑的设置应对称。(　　)

A. 对　　B. 错

正确答案：A

答案解析：见 GB 55023—2022　4.4.13

62. 依据 GB 55023—2022，脚手架专项施工方案中可以没有脚手架类型选择内容。(　　)

A. 对　　B. 错

正确答案：B

答案解析：见 GB 55023—2022　2.0.3

63. 依据 GB 55023—2022，当脚手架专项施工方案需要修改时，修改后的方案不需要再次审批。(　　)

A. 对　　B. 错

正确答案：B

答案解析：见 GB 55023—2022　2.0.6

64. 依据 GB 55023—2022，防护脚手架施工荷载标准值不低于 1.0kN/m^2。(　　)

A. 对　　　　B. 错

正确答案：A

答案解析：见 GB 55023—2022　4.2.4

65. 依据 GB 55023—2022，当发现地基部分失去继续承载的能力时，处理措施是及时组织检查处置。(　　)

A. 对　　　　B. 错

正确答案：B

答案解析：见 GB 55023—2022　5.3.6

66. 依据 GB 55023—2022，当作业脚手架上存在 2 个及以上作业层同时作业时，在同一跨距内各操作层的施工荷载标准值总和取值不应小于 5.0kN/m^2。(　　)

A. 对　　　　B. 错

正确答案：A

答案解析：见 GB 55023—2022　4.2.4

67. 依据 GB 55023—2022，脚手架性能应满足使用要求，不要求有安全防护功能。(　　)

A. 对　　　　B. 错

正确答案：B

答案解析：见 GB 55023—2022　2.0.1

68. 依据 GB 55023—2022，脚手架工程建设所采用的技术方法和措施是否符合本规范要求，由监理单位判定。(　　)

A. 对　　　　B. 错

正确答案：B

答案解析：见 GB 55023—2022　1.0.4

69. 依据 GB 55023—2022，悬挑脚手架、附着式升降脚手架应在全外侧立面上由底至顶连续设置竖向剪刀撑。(　　)

A. 对　　　　B. 错

正确答案：A

答案解析：见 GB 55023—2022　4.4.7—3

70. 依据 GB 55023—2022，有水平泵管的混凝土结构模板支撑脚手架施工荷载标准值应根据实际情况确定，且不应低于 3.0kN/m^2。(　　)

A. 对　　　　B. 错

正确答案：B

答案解析：见 GB 55023—2022　4.2.4

71. 依据 GB 55023—2022，采用挂钩连接的钢脚手板，应带有自锁装置且与作业层水平杆锁紧。(　　)

A. 对　　　　B. 错

正确答案：A

答案解析：见 GB 55023—2022　4.4.4

72. 依据 GB 55023—2022，脚手架可调底座和可调托撑调节螺杆插入脚手架立杆内的长度以及调节螺杆伸出长度都应经计算确定，并应符合规范规定的长度要求。(　　)

A. 对　　　　B. 错

正确答案：B

答案解析：见 GB 55023—2022　4.4.15

73. 依据 GB 55023—2022，l 为受弯构件的计算跨度，对悬挑构件为悬伸长度的 3 倍。(　　)

A. 对　　　　B. 错

正确答案：B

答案解析：见 GB 55023—2022　4.3.5

74. 依据 GB 55023—2022，脚手架作业层外边缘应设置防护栏杆和挡脚板。(　　)

A. 对　　　　B. 错

正确答案：A

答案解析：见 GB 55023—2022　4.4.4

75. 依据 GB 55023—2022，附着式升降脚手架在使用过程中不得拆除防倾、防坠、停层、荷载、同步升降控制装置。(　　)

A. 对　　　　B. 错

正确答案：A

答案解析：见 GB 55023—2022　5.3.10

76. 依据 GB 55023—2022，作业层外侧应采用安全网封闭。当采用密目安全网封闭时，密目安全网应满足阻燃要求。(　　)

A. 对　　　　B. 错

正确答案：A

答案解析：见 GB 55023—2022　4.4.4

77. 依据 GB 55023—2022，普通钢结构安装支撑脚手架的施工荷载标准值应根据实际情况确定，且不应低于 3.0kN/m^2。（　　）

A. 对　　B. 错

正确答案：A

答案解析：见 GB 55023—2022　4.2.4

78. 依据 GB 55023—2022，脚手板、安全网、栏杆等附件的自重属于可变荷载。（　　）

A. 对　　B. 错

正确答案：B

答案解析：见 GB 55023—2022　4.2.2

79. 依据 GB 55023—2022，脚手架专项施工方案应包括结构设计计算书内容。（　　）

A. 对　　B. 错

正确答案：A

答案解析：见 GB 55023—2022　2.0.3

80. 依据 GB 55023—2022，脚手架专项施工方案应包括安全控制措施内容。（　　）

A. 对　　B. 错

正确答案：A

答案解析：见 GB 55023—2022　2.0.3

81. 依据 GB 55023—2022，施工荷载属于脚手架的永久荷载。（　　）

A. 对　　B. 错

正确答案：B

答案解析：见 GB 55023—2022　4.2.3

82. 依据 GB 55023—2022，脚手架结构设计计算应依据施工工况选择具有代表性的最不利杆件及构配件，以其最不利截面和最不利工况作为计算条件。（　　）

A. 对　　B. 错

正确答案：A

答案解析：见 GB 55023—2022　4.3.2

83. 依据 GB 55023—2022，脚手架专项施工方案中可以没有应急预案内

容。(　　)

A. 对　　B. 错

正确答案：B

答案解析：见 GB 55023—2022　2.0.3

84. 依据 GB 55023—2022，作业脚手架分段拆除时，部分拆除后应对未拆除部分及时采取加固处理措施。(　　)

A. 对　　B. 错

正确答案：B

答案解析：见 GB 55023—2022　5.4.3

85. 依据 GB 55023—2022，杆件和构配件稳定性、变形应按毛截面计算。(　　)

A. 对　　B. 错

正确答案：A

答案解析：见 GB 55023—2022　4.3.3

86. 依据 GB 55023—2022，模板支撑脚手架应根据施工工况对连续支撑进行设计计算，并应按最不利的工况计算确定支撑层数。(　　)

A. 对　　B. 错

正确答案：A

答案解析：见 GB 55023—2022　4.3.6

87. 依据 GB 55023—2022，斜撑杆等加固杆件应随架体同步搭设，剪刀撑可在架体搭设到设计高度时一次性搭设。(　　)

A. 对　　B. 错

正确答案：B

答案解析：见 GB 55023—2022　5.2.1

88. 依据 GB 55023—2022，风荷载属于永久荷载。(　　)

A. 对　　B. 错

正确答案：B

答案解析：见 GB 55023—2022　4.2.2

89. 依据 GB 55023—2022，在脚手架内进行电焊、气焊和其他动火作业时，应在动火申请批准后进行作业，并应拆除周边及下部防护网，同时应设专人监护。(　　)

A. 对　　B. 错

正确答案：B

答案解析：见 GB 55023—2022　5.3.8

90. 依据 GB 55023—2022，脚手架架体拆除作业应统一组织，并应设专人指挥，不得交叉作业。(　　)

A. 对　　　　B. 错

正确答案：A

答案解析：见 GB 55023—2022　5.4.4

91. 依据 GB 55023—2022，脚手架使用期间，在脚手架立杆基础附近实施挖掘作业前，应对该部位架体进行加固处理。(　　)

A. 对　　　　B. 错

正确答案：B

答案解析：见 GB 55023—2022　5.3.9

92. 依据 GB 55023—2022，脚手架的连墙件是按照构造要求设置的。(　　)

A. 对　　　　B. 错

正确答案：B

答案解析：见 GB 55023—2022　4.4.6

93. 依据 GB 55023—2022，脚手架搭设和拆除作业以前，应根据工程特点编制脚手架专项施工方案，并应经审批后实施。(　　)

A. 对　　　　B. 错

正确答案：A

答案解析：见 GB 55023—2022　2.0.3

94. 依据 GB 55023—2022，脚手板、安全网、栏杆等附件的自重属于永久荷载。(　　)

A. 对　　　　B. 错

正确答案：A

答案解析：见 GB 55023—2022　4.2.2

95. 依据 GB 55023—2022，在竖向主框架所覆盖的每个楼层均应设置一道附墙支座；每道附墙支座应能承担竖向主框架的全部荷载。(　　)

A. 对　　　　B. 错

正确答案：A

答案解析：见 GB 55023—2022　4.4.9

96. 依据 GB 55023—2022，支撑脚手架在浇筑混凝土、工程结构件安装等施加荷载的过程中，架体下应安排专人进行巡查监视。(　　)

A. 对　　B. 错

正确答案：B

答案解析：见 GB 55023—2022　5.3.7

97. 依据 GB 55023—2022，当附着式升降脚手架在升降作业时或外挂防护架在提升作业时，架体上严禁有人，架体下方不得进行交叉作业。(　　)

A. 对　　B. 错

正确答案：A

答案解析：见 GB 55023—2022　5.3.11

98. 依据 GB 55023—2022，对于无法通过结构分析、外观检查和测量检查确定性能的材料与构配件，应通过试验确定其受力性能。(　　)

A. 对　　B. 错

正确答案：A

答案解析：见 GB 55023—2022　3.0.5

99. 依据 GB 55023—2022，可调底座和可调托撑螺杆插入脚手架立杆钢管内的间隙不应大于 3.0mm。(　　)

A. 对　　B. 错

正确答案：B

答案解析：见 GB 55023—2022　4.4.16

100. 依据 GB 55023—2022，脚手架与架空输电线路之间应设有安全距离，并应设置接地、防雷设施。(　　)

A. 对　　B. 错

正确答案：A

答案解析：见 GB 55023—2022　5.1.3

101. 依据 GB 55023—2022，附着式升降脚手架在每次提升前、提升就位后，以及每次下降前、下降就位后都要进行检查，合格后方可使用。(　　)

A. 对　　B. 错

正确答案：A

答案解析：见 GB 55023—2022　6.0.4

102. 依据 GB 55023—2022，脚手架所用杆件和构配件应配套使用，并应满足组架方式及构造要求。(　　)

A. 对　　B. 错

正确答案：A

答案解析：见 GB 55023—2022　3.0.3

103. 依据 GB 55023—2022，脚手架架体拆除后的脚手架材料与构配件可抛向限定的安全区域。(　　)

A. 对　　B. 错

正确答案：B

答案解析：见 GB 55023—2022　5.4.5

104. 依据 GB 55023—2022，层高 3m 的住宅工程外墙脚手架转角处连墙件竖向间距不应大于 4m。(　　)

A. 对　　B. 错

正确答案：B

答案解析：见 GB 55023—2022　4.4.6

105. 依据 GB 55023—2022，支撑脚手架设计应对其支撑的工程结构进行强度和变形验算，当验算不能满足安全承载要求时，应对支撑脚手架进行加固。(　　)

A. 对　　B. 错

正确答案：B

答案解析：见 GB 55023—2022　4.1.4

106. 依据 GB 55023—2022，支撑脚手架上移动的设备、工具的自重属于永久荷载。(　　)

A. 对　　B. 错

正确答案：B

答案解析：见 GB 55023—2022　4.2.4

107. 依据 GB 55023—2022，对脚手架承载能力进行计算时，脚手架杆件和构配件强度应按净截面计算。(　　)

A. 对　　B. 错

正确答案：A

答案解析：见 GB 55023—2022　4.3.3

108. 依据 GB 55023—2022，房屋建筑工程外墙脚手架作业层边缘与结构外表面间距大于 100mm 时，应采取防护措施。(　　)

A. 对　　B. 错

正确答案：B

答案解析：见 GB 55023—2022　4.4.4

四、问答题

1. 依据 GB 55023—2022，脚手架杆件连接节点应满足哪些要求?

正确答案

杆件连接节点应具备足够强度和转动刚度，架体在使用期内节点应无松动。

答案解析：见 GB 55023—2022　4.4.2

2. 依据 GB 55023—2022，脚手架结构设计计算单元的选取应符合哪些规定?

正确答案

计算单元的选取应符合下列规定：

1）应选取受力最大的杆件、构配件；

2）应选取跨距、间距变化和几何形状、承力特性改变部位的杆件、构配件；

3）应选取架体构造变化处或薄弱处的杆件、构配件；

4）当脚手架上有集中荷载作用时，尚应选取集中荷载作用范围内受力最大的杆件、构配件。

答案解析：见 GB 55023—2022　4.3.2

3. 依据 GB 55023—2022，脚手架应稳固可靠，保证工程建设的顺利实施与安全，并应遵循哪些原则?

正确答案

1）符合国家资源节约利用、环保、防灾减灾、应急管理等政策；

2）保障人身、财产和公共安全；

3）鼓励脚手架的技术创新和管理创新。

答案解析：见 GB 55023—2022　1.0.3

4. 依据 GB 55023—2022，脚手架结构设计计算应依据施工工况选择具有代表性的最不利杆件及构配件，以其最不利截面和最不利工况作为计算条件，计算单元的选取应符合哪些规定?

正确答案

1）应选取受力最大的杆件、构配件；

2）应选取跨距、间距变化和几何形状、承力特性改变部位的杆件、构配件；

3）应选取架体构造变化处或薄弱处的杆件、构配件；

4）当脚手架上有集中荷载作用时，尚应选取集中荷载作用范围内受力最大的杆件、构配件。

答案解析：见 GB 55023—2022　4.3.2

5. 依据 GB 55023—2022，脚手架的永久荷载应包括哪些内容？

正确答案

脚手架的永久荷载应包括下列内容：

1）脚手架结构件自重；

2）脚手板、安全网、栏杆等附件的自重；

3）支撑脚手架所支撑的物体自重；

4）其他永久荷载。

答案解析：见 GB 55023—2022 4.2.2

6. 依据 GB 55023—2022，应对哪些部位的作业脚手架采取可靠的构造加强措施？

正确答案

1）附着、支承于工程结构的连接处；

2）平面布置的转角处；

3）塔式起重机、施工升降机、物料平台等设施断开或开洞处；

4）楼面高度大于连墙件设置竖向高度的部位；

5）工程结构突出物影响架体正常布置处。

答案解析：见 GB 55023—2022 4.4.10

7. 依据 GB 55023—2022，脚手架搭设和拆除作业以前，应根据工程特点编制脚手架专项施工方案，并应经审批后实施。脚手架专项施工方案应包括哪些主要内容？

正确答案

脚手架专项施工方案应包括以下主要内容：

1）工程概况和编制依据；

2）脚手架类型选择；

3）所用材料、构配件类型及规格；

4）结构与构造设计施工图；

5）结构设计计算书；

6）搭设、拆除施工计划；

7）搭设、拆除技术要求；

8）质量控制措施；

9）安全控制措施；

10）应急预案。

答案解析：见 GB 55023—2022 2.0.3

8. 依据 GB 55023—2022，脚手架在使用过程中，与脚手架基础有关的管理要点有哪些？

正确答案

脚手架验收合格后，在使用过程中应注意以下几点：

1）脚手架使用期间，严禁在脚手架立杆基础下方及附近实施挖掘作业；

2）应定期进行检查并记录，场地应无积水，立杆底端应无松动、无悬空；

3）大雨及以上降水后、冻结的地基土解冻后应对基础进行检查并形成记录；

4）若发现地基部分失去继续承载的能力，应立即撤离作业人员并及时组织检查处置。

答案解析：见 GB 55023—2022　5.3.9、5.3.4、5.3.5 及 5.3.6

9. 依据 GB 55023—2022，脚手架搭设达到设计高度或安装就位后，应进行验收，验收时应审查的技术资料有哪些？

正确答案

审查的技术资料包括以下几项：

1）专项施工方案；

2）产品合格证；

3）使用说明及检测报告；

4）检查记录；

5）测试记录。

答案解析：见 GB 55023—2022　6.0.5

10. 依据 GB 55023—2022，脚手架地基应符合哪些规定？

正确答案

1）应平整坚实，应满足承载力和变形要求；

2）应设置排水措施，搭设场地不应积水；

3）冬期施工应采取防冻胀措施。

答案解析：见 GB 55023—2022　4.1.3

11. 依据 GB 55023—2022，脚手架搭设时必须同步完成的构造措施和防护措施有哪些？

正确答案

脚手架搭设时必须同步完成的包括

1）剪刀撑、斜撑杆；

2）连墙件；

3）安全防护网、防护栏杆等。

答案解析：见 GB 55023—2022　5.2.1、5.2.2 及 5.2.4

12. 依据 GB 55023—2022，脚手架性能应符合哪些规定？

正确答案

1）应满足承载力设计要求；

2）不应发生影响正常使用的变形；

3）应满足使用要求，并应具有安全防护功能；

4）附着或支撑在工程结构上的脚手架，不应使所附着的工程结构或支撑脚手架的工程结构受到损害。

答案解析：见 GB 55023—2022　2.0.1

建筑与市政工程施工质量控制通用规范

【国标】

《建筑与市政工程施工
质量控制通用规范》
GB 55032—2022

一、单选题

1. 依据 GB 55032—2022，推荐性工程建设标准各项技术要求(　　)强制性工程建设规范的相关技术水平。

A. 可以低于　　B. 不得低于　　C. 等同于　　D. 高于

正确答案：B

答案解析：见 GB 55032—2022　前言

2. 依据 GB 55032—2022，团体标准各项技术要求(　　)强制性工程建设规范的相关技术水平。

A. 可以低于　　B. 不得低于　　C. 等同于　　D. 高于

正确答案：B

答案解析：见 GB 55032—2022　前言

3. 依据 GB 55032—2022，建筑与市政工程施工质量控制(　　)执行 GB 55032—2022。

A. 宜　　B. 可　　C. 参照　　D. 必须

正确答案：D

答案解析：见 GB 55032—2022　1.0.2

4. 依据 GB 55032—2022，工程建设所采用的技术方法和措施是否符合该规范要求，由(　　)判定。

A. 建设单位　　B. 设计单位　　C. 施工单位　　D. 相关责任主体

正确答案：D

答案解析：见 GB 55032—2022　1.0.3

5. 依据 GB 55032—2022，工程项目施工应建立项目(　　)，明确质量责任人及岗位职责，建立质量责任追溯制度。

A. 质量安全管理体系　　B. 质量管理体系

C. 质量控制体系　　D. 技术管理体系

正确答案：B

答案解析：见 GB 55032—2022　2.0.1

6. 依据 GB 55032—2022，工程项目各方的工程建设合同，应明确具体(　　)，各方质量控制的权利与责任。

A. 技术标准　　B. 质量标准　　C. 费用标准　　D. 创优目标

正确答案：B

答案解析：见 GB 55032—2022　2.0.3

7. 依据 GB 55032—2022，工程项目各方不得擅自修改工程设计，确需修改的应报(　　)同意，由设计单位出具设计变更文件，并应按原审批程序办理变更手续。

A. 设计单位　B. 建设单位　C. 总承包单位　D. 监理单位

正确答案：B

答案解析：见 GB 55032—2022　2.0.5

8. 依据 GB 55032—2022，施工中不得任意压缩工期，进度计划的重大调整应按原审批程序办理变更手续，并应制定相应的(　　)措施。

A. 质量管理　B. 质量控制　C. 进度管理　D. 进度控制

正确答案：B

答案解析：见 GB 55032—2022　2.0.6

9. 依据 GB 55032—2022，在工程项目施工过程中，为了保证工程质量符合要求，工程质量控制资料应准确齐全、真实有效，且具有(　　)。

A. 系统性　B. 独立性　C. 一致性　D. 可追溯性

正确答案：D

答案解析：见 GB 55032—2022　2.0.7

10. 依据 GB 55032—2022，未实行监理的工程项目，建设单位应成立专门机构或委托具备相应质量管理能力的单位独立履行(　　)职责。

A. 质量管理　B. 质量控制　C. 监理　D. 管理

正确答案：C

答案解析：见 GB 55032—2022　2.0.9

11. 依据 GB 55032—2022，施工现场应根据项目特点和合同约定，制定技能工人配备方案，其配备方案应报(　　)审查后实施。

A. 监理单位　B. 总承包单位　C. 建设单位　D. 相关单位

正确答案：A

答案解析：见 GB 55032—2022　2.0.10

12. 依据 GB 55032—2022，施工管理人员和现场作业人员应进行(　　)培训，并应考核合格。

A. 全员质量　B. 质量管理体系

C. 质量安全管理体系　D. 质量安全

正确答案：A

答案解析：见 GB 55032—2022　2.0.11

13. 依据 GB 55032—2022，工程项目中使用的施工图纸及其他有关设计文件应合格有效。施工前应进行(　　)，并应保留记录。

A. 图纸审查　　B. 图纸会审　　C. 碰撞核查　　D. 图纸交底

正确答案：B

答案解析：见 GB 55032—2022　3.1.1

14. 依据 GB 55032—2022，工程质量策划中应设置质量控制点。关于质量控制点的设置部位和环节，下列描述不符合要求的是(　　)。

A. 影响施工质量的关键部位、关键环节

B. 影响施工质量的重要部位、重要环节

C. 采用新技术、新工艺、新材料、新设备的部位和环节

D. 隐蔽工程验收

正确答案：B

答案解析：见 GB 55032—2022　3.1.3

15. 依据 GB 55032—2022，工程质量策划中应在影响施工质量的关键部位、关键环节设置(　　)。

A. 质量检查点　　B. 质量控制点　　C. 质量控制措施　　D. 质量控制方法

正确答案：B

答案解析：见 GB 55032—2022　3.1.3

16. 依据 GB 55032—2022，工程质量策划中应在隐蔽工程验收环节设置(　　)。

A. 质量控制点　　B. 验收方法　　C. 验收依据　　D. 质量控制方法

正确答案：A

答案解析：见 GB 55032—2022　3.1.3

17. 依据 GB 55032—2022，分项工程施工，应实施(　　)制度，以多种形式直观展示关键部位、关键工序的做法与要求。

A. 工序样板　　B. 工法样板　　C. 样板示范　　D. 样板交底

正确答案：C

答案解析：见 GB 55032—2022　3.1.6

18. 依据 GB 55032—2022，施工使用的测量与计量设备、仪器应经计量检定、校准合格，并在有效期内。(　　)应定期检查设备、仪器的检定和校准报告。

A. 监理单位　　B. 总承包单位　　C. 建设单位　　D. 相关单位

正确答案：A

答案解析：见 GB 55032—2022　3.1.7

19. 依据 GB 55032—2022，工程采用的主要材料、半成品、成品、构配件、器具和设备应进行(　　)。

A. 进场检验　　B. 出厂检验　　C. 进场复验　　D. 见证检验

正确答案：A

答案解析：见 GB 55032—2022　3.2.1

20. 依据 GB 55032—2022，工程中采用的材料、构配件等的见证检验，应在(　　)的监督下现场取样、送检。

A. 建设单位　　B. 监理单位

C. 施工单位　　D. 建设单位或监理单位

正确答案：D

答案解析：见 GB 55032—2022　3.2.2

21. 依据 GB 55032—2022，对涉及结构安全的试块、试件及材料，应按规定进行(　　)。

A. 见证取样　　B. 见证检测　　C. 见证检验　　D. 见证验收

正确答案：C

答案解析：见 GB 55032—2022　3.2.2

22. 依据 GB 55032—2022，(　　)应保留工程测量原始观测数据的现场记录及测量成果交付记录，并应对测量结果进行校核。

A. 建设单位　　B. 监理单位　　C. 设计单位　　D. 施工单位

正确答案：D

答案解析：见 GB 55032—2022　3.3.2

23. 依据 GB 55032—2022，监理人员应对工程施工质量进行巡视、平行检验，对(　　)、关键工序进行旁站，并应及时记录检查情况。

A. 重要工序　　B. 特殊部位　　C. 关键部位　　D. 重要部位

正确答案：C

答案解析：见 GB 55032—2022　3.3.3

24. 依据 GB 55032—2022，对(　　)中提出检查要求的重要工序，应经专业监理工程师检查合格并签字确认后，才能进行下道工序施工。

A. 施工合同　　B. 监理实施细则　　C. 设计文件　　D. 施工方案

正确答案：B

答案解析：见 GB 55032—2022　3.3.4

25. 依据 GB 55032—2022，关于各施工工序之间的衔接，各专业工种之间的相关工序应进行(　　)，并应保留检查记录。

A. 专项检验　　B. 自检　　C. 互检　　D. 交接检验

正确答案：D

答案解析：见 GB 55032—2022　3.3.4

26. 依据 GB 55032—2022，关于施工工序间的衔接，对(　　)中提出检查要求的重要工序，应经专业监理工程师检查合格并签字确认后，进行下道工序施工。

A. 监理规划　　B. 合同　　C. 设计文件　　D. 施工方案

正确答案：A

答案解析：见 GB 55032—2022　3.3.4

27. 依据 GB 55032—2022，隐蔽工程在隐蔽前应由施工单位通知(　　)进行验收。

A. 总监理工程师　　B. 监理工程师　　C. 监理机构　　D. 监理单位

正确答案：D

答案解析：见 GB 55032—2022　3.3.4

28. 依据 GB 55032—2022，下列(　　)项开挖后可以不需要实地验槽。

A. 基坑　　B. 边坡　　C. 基槽　　D. 沟槽

正确答案：B

答案解析：见 GB 55032—2022　3.3.5

29. 依据 GB 55032—2022，主体结构为装配式混凝土结构体系时，套筒灌浆连接应采用由接头(　　)确定的相匹配的灌浆套筒、灌浆料，灌浆应密实饱满。

A. 型式　　B. 型式检验　　C. 实体检验　　D. 形式检验

正确答案：B

答案解析：见 GB 55032—2022　3.3.6

30. 依据 GB 55032—2022，建筑外门窗应安装牢固，(　　)应配备防脱落装置。

A. 推拉门窗扇　　B. 外开门窗扇　　C. 上悬窗扇　　D. 平开门窗扇

正确答案：A

答案解析：见 GB 55032—2022　3.3.7

31. 依据 GB 55032—2022，建筑外墙外保温系统与(　　)的连接应牢固，保温系统各层之间的连接应牢固。

A. 外墙防水层　　B. 外墙找平层　　C. 外墙　　D. 结构

正确答案：C

答案解析：见 GB 55032—2022　3.3.7

32. 依据 GB 55032—2022，屋面工程施工时，伸出屋面的管道、设备和预埋件等，应在保温层和防水层(　　)安设完毕。

A. 施工同时　B. 施工前　C. 施工后　D. 无要求

正确答案：B

答案解析：见 GB 55032—2022　3.3.8

33. 依据 GB 55032—2022，屋面瓦材必须铺置牢固，在大风及地震设防地区或屋面坡度大于(　　)时，应采取固定加强措施。

A. 80%　B. 85%　C. 90%　D. 100%

正确答案：D

答案解析：见 GB 55032—2022　3.3.8

34. 依据 GB 55032—2022，设备、管道及其支吊架等的安装位置、尺寸以及与主体结构的连接方法和质量应满足设计及(　　)要求。

A. 使用功能　B. 合同　C. 结构安全　D. 规范

正确答案：A

答案解析：见 GB 55032—2022　3.3.9

35. 依据 GB 55032—2022，管道清扫冲洗、强度试验及严密性试验前，施工单位应编制试验方案，试验方案不包括(　　)。

A. 试验方法　B. 试验压力　C. 合格标准　D. 验收标准

正确答案：D

答案解析：见 GB 55032—2022　3.3.11

36. 依据 GB 55032—2022，工程中包含的机械、电气和自动化系统与设备应按(　　)要求进行试运行，并能正常使用。

A. 规范　B. 设备说明书　C. 设计　D. 合同

正确答案：C

答案解析：见 GB 55032—2022　3.3.13

37. 依据 GB 55032—2022，(　　)委托的具备相应检测资质的检测机构出具的检测报告才能作为工程质量验收的依据。

A. 施工单位　B. 监理单位　C. 质量监督机构　D. 建设单位

正确答案：D

答案解析：见 GB 55032—2022　3.4.1

38. 依据 GB 55032—2022，建设单位应委托具备相应资质的第三方检测机构进行工程质量检测，检测项目和数量应符合(　　)要求。

A. 规范　　B. 设计　　C. 质量检验　　D. 抽样检验

正确答案：D

答案解析：见 GB 55032—2022　3.4.1

39. 依据 GB 55032—2022，工程施工前应制定工程试验及检测方案，并应经(　　)审核通过后实施。

A. 建设单位　　B. 监理单位　　C. 总承包单位　　D. 检测单位

正确答案：B

答案解析：见 GB 55032—2022　3.4.2

40. 依据 GB 55032—2022，检测机构应对检测数据和检测报告的(　　)负责。

A. 真实性和科学性　　B. 真实性和完整性

C. 真实性和准确性　　D. 真实性和严密性

正确答案：C

答案解析：见 GB 55032—2022　3.4.4

41. 依据 GB 55032—2022，分项工程应根据(　　)、材料、施工工艺、设备类别划分。

A. 工程量　　B. 工种　　C. 施工段　　D. 专业性质

正确答案：B

答案解析：见 GB 55032—2022　4.1.1

42. 依据 GB 55032—2022，对市政道路、桥梁、管道、轨道交通、综合管廊等，应根据(　　)并结合使用功能划分单位工程。

A. 工程量　　B. 合同段　　C. 施工段　　D. 施工工艺

正确答案：B

答案解析：见 GB 55032—2022　4.1.1

43. 依据 GB 55032—2022，检验批(　　)应符合有关专业验收标准的规定。

A. 数量　　B. 抽样　　C. 抽样数量　　D. 最小抽样数量

正确答案：C

答案解析：见 GB 55032—2022　4.1.1

44. 依据 GB 55032—2022，施工前，应由施工单位制定单位工程、分部工程、分项工程和检验批的划分方案，并应由(　　)审核通过后实施。

A. 设计单位　　B. 监理单位　　C. 建设单位　　D. 质量监督机构

正确答案：B

答案解析：见 GB 55032—2022　4.1.2

45. 依据 GB 55032—2022，应建立工程质量信息公示制度。工程竣工验收合格后，建设单位应在建（构）筑物的明显位置设置有关(　　)的永久性标牌。

A. 工程概况　　B. 工程质量责任人

C. 工程质量责任主体　　D. 工程质量信息

正确答案：C

答案解析：见 GB 55032—2022　4.1.3

46. 依据 GB 55032—2022，工程资料文件应随(　　)同步形成。

A. 工程建设进度　　B. 工程质量　　C. 施工进度　　D. 工程建设活动

正确答案：A

答案解析：见 GB 55032—2022　4.1.4

47. 依据 GB 55032—2022，工程资料文件的形成和积累应纳入工程建设管理的各个环节和有关人员的职责范围，全面反映(　　)和工程实际情况。

A. 工程施工　　B. 工程质量　　C. 工程进度　　D. 工程建设活动

正确答案：D

答案解析：见 GB 55032—2022　4.1.4

48. 依据 GB 55032—2022，关于工程资料归档，勘察、设计、施工、监理等单位应将本单位形成的工程文件立卷后向(　　)移交。

A. 建设单位　　B. 总承包单位　　C. 使用单位　　D. 城建档案馆

正确答案：A

答案解析：见 GB 55032—2022　4.1.5

49. 依据 GB 55032—2022，(　　)应将全部工程文件收集齐全、整理立卷，向城建档案管理机构移交。

A. 建设单位　　B. 施工单位

C. 监理单位　　D. 建设行政主管部门

正确答案：A

答案解析：见 GB 55032—2022　4.1.5

50. 依据 GB 55032—2022，工程施工质量应符合国家现行强制性工程建设规范的规定，并应符合(　　)的要求和合同约定。

A. 施工图设计文件　　B. 施工组织设计

C. 专项施工方案　　D. 工程勘察设计文件

正确答案：D

答案解析：见 GB 55032—2022　4.2.1

51. 依据 GB 55032—2022，关于检验批验收，主控项目和一般项目的确定应符合(　　)和现行相关标准的规定。

A. 施工图　　B. 施工组织设计

C. 检验批划分方案　　D. 国家现行强制性工程建设规范

正确答案：D

答案解析：见 GB 55032—2022　4.2.2

52. 依据 GB 55032—2022，检验批质量应按主控项目和一般项目验收，地基基础工程检验批一般项目的验收合格率应达到(　　)及以上。

A. 80%　　B. 85%　　C. 90%　　D. 95%

正确答案：A

答案解析：见 GB 55032—2022　4.2.2

53. 依据 GB 55032—2022，施工质量不符合验收标准，但经有资质的检测机构检测能够达到设计要求的检验批，应(　　)。

A. 不予验收　　B. 予以验收　　C. 降低标准验收　　D. 让步验收

正确答案：B

答案解析：见 GB 55032—2022　4.2.3

54. 依据 GB 55032—2022，检验批验收时经有资质的检测机构检测达不到设计要求，但经原设计单位核算认可能够满足(　　)的检验批，应予以验收。

A. 安全和使用功能　　B. 结构安全

C. 建设单位要求　　D. 强制性工程建设规范要求

正确答案：A

答案解析：见 GB 55032—2022　4.2.3

55. 依据 GB 55032—2022，经返工或返修的(　　)，应重新验收。

A. 检验批　　B. 分项工程　　C. 分部工程　　D. 工程

正确答案：A

答案解析：见 GB 55032—2022　4.2.3

56. 依据 GB 55032—2022，房屋建筑工程主体结构分部工程验收，(　　)抽样检验结果应符合要求。

A. 节能　　B. 环境保护　　C. 使用功能　　D. 结构混凝土强度

正确答案：D

答案解析：见 GB 55032—2022　4.2.5

57. 依据 GB 55032—2022，分部工程验收时，有关安全、节能、环境保护和主要使用功能的(　　)应符合要求。

A. 检查结果　　B. 检测报告　　C. 抽样检验结果　　D. 验收结论

正确答案：C

答案解析：见 GB 55032—2022　4.2.5

58. 依据 GB 55032—2022，单位工程验收时，(　　)的抽查结果应符合国家现行强制性工程建设规范的规定。

A. 结构安全　　B. 主要使用功能　　C. 结构检测　　D. 消防功能

正确答案：B

答案解析：见 GB 55032—2022　4.2.6

59. 依据 GB 55032—2022，当经返修或加固处理的分项工程、分部工程，确认能够满足安全及使用功能要求时，应按(　　)和协商文件的要求予以验收。

A. 施工图　　B. 变更文件　　C. 技术处理方案　　D. 施工方案

正确答案：C

答案解析：见 GB 55032—2022　4.2.7

60. 依据 GB 55032—2022，检验批应由(　　)组织施工单位项目专业质量检查员、专业工长等进行验收。

A. 监理员　　B. 总监理工程师

C. 总监理工程师代表　　D. 专业监理工程师

正确答案：D

答案解析：见 GB 55032—2022　4.3.1

61. 依据 GB 55032—2022，分项工程应由(　　)组织施工单位项目专业技术负责人等进行验收。

A. 监理员　　B. 总监理工程师

C. 总监理工程师代表　　D. 专业监理工程师

正确答案：D

答案解析：见 GB 55032—2022　4.3.2

62. 依据 GB 55032—2022，分部工程应由(　　)组织施工单位项目负责人和项目技术负责人等进行验收。

A. 总监理工程师　　B. 总监理工程师代表

C. 专业监理工程师　　D. 监理员

正确答案：A

答案解析：见 GB 55032—2022　4.3.3

63. 依据 GB 55032—2022，子分部工程应由(　　)组织施工单位项目负责人和项目技术负责人等进行验收。

A. 总监理工程师　　B. 总监理工程师代表

C. 专业监理工程师　　D. 监理员

正确答案：A

答案解析：见 GB 55032—2022　4.3.3

64. 依据 GB 55032—2022，单位工程完工后，在竣工验收前，勘察单位应编制(　　)，按规定程序审批后向建设单位提交。

A. 勘察总结报告　　B. 勘察报告

C. 勘察工程质量评估报告　　D. 勘察工程质量检查报告

正确答案：D

答案解析：见 GB 55032—2022　4.3.4

65. 依据 GB 55032—2022，工程预验收合格后监理单位应编制(　　)，按规定程序审批后向建设单位提交。

A. 工程监理评估报告　　B. 工程质量安全评估报告

C. 工程质量评估报告　　D. 工程预验收评估报告

正确答案：C

答案解析：见 GB 55032—2022　4.3.4

66. 依据 GB 55032—2022，(　　)应对设计文件及施工过程的设计变更进行检查，并应编制设计工程质量检查报告，按规定程序审批后向建设单位提交。

A. 勘察单位　　B. 勘察设计单位　　C. 设计单位　　D. 监理单位

正确答案：C

答案解析：见 GB 55032—2022　4.3.4

67. 依据 GB 55032—2022，(　　)应在自检合格后组织工程竣工预验收，预验收合格后应编制工程质量评估报告。

A. 设计单位　　B. 全过程咨询单位　C. 监理单位　　D. 勘察单位

正确答案：C

答案解析：见 GB 55032—2022　4.3.4

68. 依据 GB 55032—2022，施工单位应自检合格，并应编制工程竣工报告，按规定程序审批后向(　　)提交。

A. 监理单位　　B. 设计单位　　C. 勘察单位　　D. 建设单位

正确答案：D

答案解析：见 GB 55032—2022　4.3.4

69. 依据 GB 55032—2022，单位工程竣工验收合格后，施工单位应履行保修义务。(　　)应建立质量回访和质量投诉处理机制。

A. 政府建设主管部门　　B. 监理单位

C. 建设单位　　D. 施工单位

正确答案：C

答案解析：见 GB 55032—2022　5.0.2

70. 依据 GB 55032—2022，当工程在保修期内出现一般质量缺陷时，建设单位应向施工单位发出保修通知，(　　)应进行现场勘察、制定保修方案，并及时进行修复。

A. 施工单位　　B. 监理单位　　C. 建设单位　　D. 勘察单位

正确答案：A

答案解析：见 GB 55032—2022　5.0.3

71. 依据 GB 55032—2022，当工程在保修期内出现涉及结构安全或影响使用功能的严重质量缺陷时，应由(　　)或相应资质等级的设计单位提出保修设计方案。

A. 原施工单位　　B. 原设计单位　　C. 原监理单位　　D. 建设单位

正确答案：B

答案解析：见 GB 55032—2022　5.0.4

72. 依据 GB 55032—2022，(　　)、施工单位或受委托的其他单位在保修期内应明确保修和质量投诉受理部门、人员及联系方式，并建立相关工作记录文件。

A. 建设单位　　B. 监理单位

C. 设计单位　　D. 建设行政主管部门

正确答案：A

答案解析：见 GB 55032—2022　5.0.5

73. 依据 GB 55032—2022，关于建筑工程的分部工程、分项工程划分，其中地下防水的分项工程不包括(　　)。

A. 主体结构防水　　B. 降水　　C. 注浆　　D. 细部构造防水

正确答案：B

答案解析：见 GB 55032—2022　附录 A. 0. 1

74. 依据 GB 55032—2022，下列哪项不属于砌体结构子分部工程的分项工程？(　　)

A. 砖砌体　　B. 加气块砌体　　C. 配筋砌体　　D. 石砌体

正确答案：B

答案解析：见 GB 55032—2022　附录 A.0.1

75. 依据 GB 55032—2022，下列哪项不属于幕墙子分部工程的分项工程？(　　)

A. 玻璃幕墙安装　B. 金属幕墙安装　C. 陶板幕墙安装　D. 采光顶玻璃安装

正确答案：D

答案解析：见 GB 55032—2022　附录 A.0.1

76. 依据 GB 55032—2022，建筑工程中，混凝土结构子分部工程共分为(　　)个分项工程。

A. 4　B. 5　C. 6　D. 7

正确答案：C

答案解析：见 GB 55032—2022　附录 A.0.1

77. 依据 GB 55032—2022，下列哪项属于主体结构分部工程的子分部工程？(　　)

A. 钢结构　B. 装配式结构　C. 砖混结构　D. 钢混结构

正确答案：A

答案解析：见 GB 55032—2022　附录 A.0.1

78. 依据 GB 55032—2022，下列哪项不属于轻质隔墙子分部工程的分项工程？(　　)

A. 石膏板隔墙　B. 骨架隔墙　C. 活动隔墙　D. 玻璃隔墙

正确答案：A

答案解析：见 GB 55032—2022　附录 A.0.1

79. 依据 GB 55032—2022，下列哪项不属于建筑工程基坑支护子分部工程的分项工程？(　　)

A. 土钉墙　B. 挡土墙

C. 锚杆　D. 水泥土重力式挡墙

正确答案：B

答案解析：见 GB 55032—2022　附录 A.0.1

80. 依据 GB 55032—2022，下列哪项属于建筑工程地基与基础分部工程的子分部工程？(　　)

A. 地下结构　B. 地下防水　C. 桩基础　D. 土方开挖

正确答案：B

答案解析：见 GB 55032—2022　附录 A.0.1

81. 依据 GB 55032—2022，下列哪项属于建筑工程建筑电气分部工程中防雷及接地子分部工程的分项工程？（　　）

A. 接地焊接　　B. 接地线

C. 建筑物等电位连接　　D. 系统调试

正确答案：C

答案解析：见 GB 55032—2022　附录 A. 0. 1

82. 依据 GB 55032—2022，下列哪项不属于建筑工程抹灰子分部工程的分项工程？（　　）

A. 一般抹灰　　B. 装饰抹灰　　C. 高级抹灰　　D. 保温层薄抹灰

正确答案：C

答案解析：见 GB 55032—2022　附录 A. 0. 1

83. 依据 GB 55032—2022，下列哪项不属于建筑工程土方子分部工程的分项工程？（　　）

A. 场地平整　　B. 土方开挖　　C. 土方回填　　D. 土方平衡

正确答案：D

答案解析：见 GB 55032—2022　附录 A. 0. 1

84. 依据 GB 55032—2022，下列哪项属于建筑工程饰面板子分部工程的分项工程？（　　）

A. 石板安装　　B. 外墙饰面砖　　C. 内墙饰面砖　　D. 玻璃安装

正确答案：A

答案解析：见 GB 55032—2022　附录 A. 0. 1

85. 依据 GB 55032—2022，下列哪项不属于建筑地面子分部工程的分项工程？（　　）

A. 基层铺设　　B. 地面防水层铺设　　C. 整体面层铺设　　D. 木、竹面层铺设

正确答案：B

答案解析：见 GB 55032—2022　附录 A. 0. 1

86. 依据 GB 55032—2022，下列哪项不属于外墙防水子分部工程的分项工程？（　　）

A. 外墙砂浆防水　　B. 涂膜防水　　C. 卷材防水　　D. 透气膜防水

正确答案：C

答案解析：见 GB 55032—2022　附录 A. 0. 1

87. 依据 GB 55032—2022，建筑工程共分为（　　）个分部工程。

A. 8　　B. 9　　C. 10　　D. 11

正确答案：C

答案解析：见 GB 55032—2022　附录 A. 0. 1

88. 依据 GB 55032—2022，建筑工程土方子分部工程共分为(　　)个分项工程。

A. 3　　B. 4　　C. 5　　D. 6

正确答案：A

答案解析：见 GB 55032—2022　附录 A. 0. 1

89. 依据 GB 55032—2022，下列哪项不属于建筑工程地基子分部工程的分项工程？(　　)

A. 天然地基　　B. 强夯地基　　C. 注浆地基　　D. 预压地基

正确答案：A

答案解析：见 GB 55032—2022　附录 A. 0. 1

90. 依据 GB 55032—2022，下列哪项不属于主体结构分部工程的子分部工程？(　　)

A. 混凝土结构　　B. 砌体结构　　C. 铝合金结构　　D. 幕墙结构

正确答案：D

答案解析：见 GB 55032—2022　附录 A. 0. 1

91. 依据 GB 55032—2022，下列哪项不属于建筑工程钢结构子分部工程的分项工程？(　　)

A. 紧固件连接　　B. 钢结构连接　　C. 钢零部件加工　　D. 防火涂料涂装

正确答案：B

答案解析：见 GB 55032—2022　附录 A. 0. 1

92. 依据 GB 55032—2022，下列哪项不属于建筑工程混凝土结构子分部工程的分项工程？(　　)

A. 混凝土　　B. 预应力　　C. 装配式结构　　D. 型钢混凝土结构

正确答案：D

答案解析：见 GB 55032—2022　附录 A. 0. 1

93. 依据 GB 55032—2022，关于室外工程的单位工程、子单位工程和分部工程的划分，其中边坡的分部工程不包括(　　)。

A. 土石方　　B. 挡土墙　　C. 围墙　　D. 支护

正确答案：C

答案解析：见 GB 55032—2022　附件 B. 0. 1

94. 依据 GB 55032—2022，下列哪项属于室外工程的子单位工程？（　　）

A. 广场与停车场　B. 绿化　C. 道路　D. 景观

正确答案：C

答案解析：见 GB 55032—2022　附录 B. 0. 1

95. 依据 GB 55032—2022，给水排水管道工程中的桥管施工包括以下哪一项分项工程？（　　）

A. 闭水试验　B. 冲洗消毒　C. 管道防腐层　D. 闭气试验

正确答案：C

答案解析：见 GB 55032—2022　C. 0. 1

96. 依据 GB 55032—2022，桥梁工程的桥面系分部工程不包括以下哪一项分项工程？（　　）

A. 排水设施　B. 防水层　C. 隔声与防眩板　D. 桥面铺装层

正确答案：C

答案解析：见 GB 55032—2022　附录 C. 0. 1

97. 依据 GB 55032—2022，桥梁工程中的顶推施工混凝土梁施工不包括以下哪一项分项工程？（　　）

A. 台座系统　B. 导梁　C. 墩台　D. 梁段预制

正确答案：C

答案解析：见 GB 55032—2022　附录 C. 0. 1

98. 依据 GB 55032—2022，道路工程中的装配式钢筋混凝土挡土墙施工不包括以下哪一项分项工程？（　　）

A. 挡土墙板预制　B. 地基　C. 滤层　D. 沉井

正确答案：D

答案解析：见 GB 55032—2022　附录 C. 0. 1

99. 依据 GB 55032—2022，桥梁工程的地基与基础分部工程不包括哪一项子分部工程？（　　）

A. 扩大基础　B. 灌注桩　C. 土方　D. 沉井

正确答案：C

答案解析：见 GB 55032—2022　附录 C. 0. 1

100. 依据 GB 55032—2022，以下子分部工程属于给水排水构筑物工程的主体结构工程的是（　　）。

A. 现浇混凝土结构、装配式混凝土结构、砌筑结构
B. 钢结构、细部结构、工艺辅助构筑物
C. 土方工程、沉井、地下连续墙
D. 石砌体、预制混凝土柱、台背土
正确答案：A
答案解析：见 GB 55032—2022 附录 C.0.1

101. 依据 GB 55032—2022，给水排水管道工程中的基坑土方子分部工程包括哪些分项工程？(　　)
A. 基坑开挖、基坑支护、基坑回填　　B. 沟槽开挖、沟槽支撑、沟槽回填
C. 沟槽开挖、沟槽支撑、基坑回填　　D. 基坑开挖、基坑支护、沟槽回填
正确答案：A
答案解析：见 GB 55032—2022 附录 C.0.1

102. 依据 GB 55032—2022，以下不属于绿化工程中栽植基础工程子分部工程的是(　　)。
A. 栽植前场地整理　　B. 重盐碱、重黏土地土壤改良工程
C. 坡面绿化防护栽植基层工程　　D. 水湿生植物栽植槽工程
正确答案：A
答案解析：见 GB 55032—2022 附录 C.0.1

103. 依据 GB 55032—2022，道路工程中的基层分部工程不包括以下哪一项分项工程？(　　)
A. 石灰土基层　　B. 水泥稳定土类基层
C. 现浇混凝土基层　　D. 级配砂砾（砾石）基层
正确答案：C
答案解析：见 GB 55032—2022 附录 C.0.1

104. 依据 GB 55032—2022，桥梁工程中的沉入桩施工不包括以下哪一项分项工程？(　　)
A. 预制桩　　B. 钢管桩　　C. 沉桩　　D. 人工挖孔桩
正确答案：D
答案解析：见 GB 55032—2022 附录 C.0.1

105. 依据 GB 55032—2022，以下分部工程属于市政工程中的道路工程的是(　　)。
A. 路基、基层、面层、人行道、挡土墙、附属构筑物
B. 基础、路基、基层、面层、人行道

C. 基础、墩台、梁板、桥面系

D. 基础、柱、墙、顶板

正确答案：A

答案解析：见 GB 55032—2022　附录 C.0.1

106. 依据 GB 55032—2022，绿化工程中的大树移植子分部工程不包括以下哪一项分项工程？(　　)

A. 大树挖掘与包装　B. 大树栽植　C. 大树吊装运输　D. 大树养护

正确答案：D

答案解析：见 GB 55032—2022　附录 C.0.1

107. 依据 GB 55032—2022，市政工程中的人行地道结构分部工程不包括以下哪一项分项工程？(　　)

A. 现浇钢筋混凝土人行地道结构

B. 预制钢筋混凝土人行地道结构

C. 砌筑墙体、钢筋混凝土顶板人行地道结构

D. 加筋挡土墙

正确答案：D

答案解析：见 GB 55032—2022　附录 C.0.1

二、多选题

1. 依据 GB 55032—2022，工程建设技术法规体系由(　　)构成。

A. 法律法规　B. 行政规章

C. 全文强制性工程建设规范　D. 法律法规中的技术性规定

E. 部门规章中的技术性规定

正确答案：CDE

答案解析：见 GB 55032—2022　前言

2. 依据 GB 55032—2022，施工质量管理标准化文件中应明确(　　)等要求。

A. 人员管理　B. 安全管理　C. 技术管理　D. 合同管理

E. 材料管理

正确答案：ACE

答案解析：见 GB 55032—2022　2.0.2

3. 依据 GB 55032—2022，工程项目各方的工程建设合同，应明确(　　)。

A. 各方质量控制的责任　B. 具体质量标准

C. 各方质量控制的责任人　D. 各方质量控制的权利

E. 各方质量控制的义务

正确答案：ABD

答案解析：见 GB 55032—2022　2.0.3

4. 依据 GB 55032—2022，勘察、设计文件应说明(　　)可能造成的工程质量风险。

A. 工程地质　　B. 水文　　C. 技术条件　　D. 环境条件

E. 气象条件

正确答案：ABD

答案解析：见 GB 55032—2022　2.0.4

5. 依据 GB 55032—2022，施工进度计划应经(　　)审批后执行。

A. 建设单位　　B. 监理单位　　C. 设计单位　　D. 政府相关部门

E. 施工单位

正确答案：AB

答案解析：见 GB 55032—2022　2.0.6

6. 依据 GB 55032—2022，工程质量控制资料应(　　)。

A. 准确齐全　　B. 整理有序　　C. 具有可追溯性　　D. 真实有效

E. 基本完整

正确答案：ACD

答案解析：见 GB 55032—2022　2.0.7

7. 依据 GB 55032—2022，实行监理的工程项目，施工前应编制(　　)，并应按规定程序审批，当需变更时应按原审批程序办理变更手续。

A. 初步设计文件　　B. 项目建议书　　C. 监理规划　　D. 监理规范

E. 监理实施细则

正确答案：CE

答案解析：见 GB 55032—2022　2.0.8

8. 依据 GB 55032—2022，施工现场应根据(　　)，制定技能工人配备方案。

A. 建设单位要求　　B. 监理要求　　C. 项目特点　　D. 合同约定

E. 所在地配备标准

正确答案：CD

答案解析：见 GB 55032—2022　2.0.10

9. 依据 GB 55032—2022，工程项目中使用的施工图纸及其他有关设计文件应合格有效。施工前应进行(　　)，并应保留记录。

A. 设计交底　　B. 勘察说明　　C. 技术交底　　D. 图纸会审
E. 施工图审查
正确答案：ABD
答案解析：见 GB 55032—2022　3.1.1

10. 依据 GB 55032—2022，工程项目开工前应进行质量策划，应确定(　　)，并应根据工程进展实施动态管理。
A. 质量目标和要求　　B. 质量控制点
C. 质量风险　　D. 实施质量目标的控制措施
E. 质量管理与协调的程序
正确答案：ABCDE
答案解析：见 GB 55032—2022　3.1.2

11. 依据 GB 55032—2022，在工程质量策划中，下列部位和环节应设置质量控制点的有(　　)。
A. 影响施工质量的所有部位和环节
B. 影响施工质量的关键部位、关键环节
C. 影响结构安全和使用功能的关键部位、关键环节
D. 采用传统技术、常规工艺的普通部位和环节
E. 采用新技术、新工艺、新材料、新设备的部位和环节
正确答案：BCE
答案解析：见 GB 55032—2022　3.1.3

12. 依据 GB 55032—2022，施工组织设计和施工方案应根据(　　)编制，并应按规定程序审批后执行。
A. 工程特点　　B. 监理规划要求　　C. 现场条件　　D. 质量风险
E. 技术要求
正确答案：ACDE
答案解析：见 GB 55032—2022　3.1.4

13. 依据 GB 55032—2022，施工前应对施工管理人员和作业人员进行技术交底，交底的内容应包括(　　)等，并应保留相关记录。
A. 施工作业条件　　B. 技术措施　　C. 安全与环保措施　　D. 质量标准
E. 施工方法
正确答案：ABCDE
答案解析：见 GB 55032—2022　3.1.5

14. 依据 GB 55032—2022，工程采用的主要材料、(　　)应进行进场检验。

A. 成品　　B. 半成品　　C. 构配件　　D. 部件
E. 设备
正确答案：ABCE
答案解析：见 GB 55032—2022　3.2.1

15. 依据 GB 55032—2022，对涉及(　　)的试块、试件及材料，应按规定进行见证检验。
A. 结构安全　　B. 节能　　C. 环境保护　　D. 使用安全
E. 主要使用功能
正确答案：ABCE
答案解析：见 GB 55032—2022　3.2.2

16. 依据 GB 55032—2022，施工现场的(　　)，在运输和储存时应采取确保其质量和性能不受影响的储存及防护措施。
A. 半成品　　B. 成品　　C. 构配件　　D. 器具
E. 设备
正确答案：ABCDE
答案解析：见 GB 55032—2022　3.2.4

17. 依据 GB 55032—2022，在工程监理过程中，对于工程施工质量的控制，监理人员应(　　)。
A. 对所有施工过程进行全程录像　　B. 对工程施工质量进行巡视
C. 对部分施工过程进行抽样检查　　D. 对关键部位、关键工序进行旁站
E. 对工程施工质量进行平行检验
正确答案：BDE
答案解析：见 GB 55032—2022　3.3.3

18. 依据 GB 55032—2022，基坑、基槽、沟槽开挖后，建设单位应会同(　　)单位实地验槽，并应会签验槽记录。
A. 勘察　　B. 设计　　C. 监理　　D. 施工
E. 质量监督机构
正确答案：ABCD
答案解析：见 GB 55032—2022　3.3.5

19. 依据 GB 55032—2022，在吊顶工程中，下列设备仪器(　　)不应安装在吊顶龙骨上。
A. 电风扇　　B. 大型灯具　　C. 空调风口　　D. 音响
E. 投影仪

正确答案：ABDE

答案解析：见 GB 55032—2022　3.3.7

20. 依据 GB 55032—2022，屋面瓦材必须铺置牢固，在(　　)时，应采取固定加强措施。

A. 台风地区　　B. 冰冻地区

C. 地震设防地区　　D. 屋面坡度大于 100%

E. 高温地区

正确答案：ACD

答案解析：见 GB 55032—2022　3.3.8

21. 依据 GB 55032—2022，隧道工程施工应对线路(　　)进行检核，隧道的衬砌结构不得侵入建筑限界。

A. 中线　　B. 转向角　　C. 高程　　D. 横断面

E. 纵断面

正确答案：AC

答案解析：见 GB 55032—2022　3.3.12

22. 依据 GB 55032—2022，工程中包含的(　　)应按设计要求进行试运行，并能正常使用。

A. 机械　　B. 照明

C. 电气与自动化系统　　D. 通风空调设备

E. 防水工程

正确答案：ACD

答案解析：见 GB 55032—2022　3.3.13

23. 依据 GB 55032—2022，检测机构应对检测数据和检测报告的真实性和准确性负责，对检查结果不合格的报告严禁(　　)。

A. 公开　　B. 替换　　C. 不报告　　D. 抽撤

E. 修改

正确答案：BDE

答案解析：见 GB 55032—2022　3.4.4

24. 依据 GB 55032—2022，分项工程应根据(　　)划分。

A. 工种　　B. 材料　　C. 施工工艺　　D. 设备类别

E. 楼层

正确答案：ABCD

答案解析：见 GB 55032—2022　4.1.1

25. 依据 GB 55032—2022，分部工程应根据(　　)划分。

A. 施工工艺　B. 专业性质　C. 工程部位　D. 施工顺序

E. 设备类别

正确答案：BC

答案解析：见 GB 55032—2022　4.1.1

26. 依据 GB 55032—2022，施工质量验收应包括(　　)施工质量验收。

A. 单项工程　B. 单位工程　C. 分部工程　D. 分项工程

E. 检验批

正确答案：BCDE

答案解析：见 GB 55032—2022　4.1.1

27. 依据 GB 55032—2022，检验批应根据施工组织、质量控制和专业验收需要，按(　　)划分，检验批抽样数量应符合有关专业验收标准的规定。

A. 工种　B. 工程量　C. 施工工艺　D. 楼层

E. 施工段

正确答案：BDE

答案解析：见 GB 55032—2022　4.1.1

28. 依据 GB 55032—2022，建筑与市政工程分部工程、分项工程和检验批划分与 GB 55032—2022 规范附录不同时，应由(　　)按照实际情况共同确定。

A. 质量监督站　B. 建设单位　C. 设计单位　D. 监理单位

E. 施工单位

正确答案：BDE

答案解析：见 GB 55032—2022　4.1.2

29. 依据 GB 55032—2022，当检验批施工质量不符合验收标准时，应按规定(　　)进行处理。

A. 经返工或返修的检验批，应重新进行验收

B. 经返工或返修的检验批，视为通过验收

C. 经有资质的检测机构检测能够达到设计要求的检验批，应予以验收

D. 经有资质的检测机构检测达不到设计要求，但经原设计单位核算认可能够满足安全和使用功能的检验批，应予以验收

E. 经有资质的检测机构检测达不到设计要求，一律不予验收

正确答案：ACD

答案解析：见 GB 55032—2022　4.2.3

30. 依据 GB 55032—2022，分部工程质量验收合格应符合下列哪些规定？（　　）

A. 所含分项工程的质量应验收合格

B. 质量控制资料应完整、真实

C. 有关安全、节能、环境保护和主要使用功能的抽样检验结果应符合要求

D. 观感质量应符合要求

E. 竣工图已完成

正确答案：ABCD

答案解析：见 GB 55032—2022　4.2.5

31. 依据 GB 55032—2022，单位工程质量验收合格应符合下列哪些规定？（　　）

A. 所含分部工程的质量应全部验收合格

B. 质量控制资料应完整、真实

C. 所含分部工程中有关安全、节能、环境保护和主要使用功能的检验资料应完整

D. 主要使用功能的抽查结果应符合国家现行强制性工程建设规范的规定

E. 观感质量应符合要求

正确答案：ABCDE

答案解析：见 GB 55032—2022　4.2.6

32. 依据 GB 55032—2022，当经返修或加固处理的分项工程、分部工程，确认能够满足安全及使用功能要求时，应按（　　）的要求予以验收。

A. 技术处理方案

B. 协商文件

C. 国家现行强制性工程建设规范

D. 工程勘察设计文件

E. 专业质量检查

正确答案：AB

答案解析：见 GB 55032—2022　4.2.7

33. 依据 GB 55032—2022，关于钢筋混凝土预制桩基础验收，（　　）应参加。

A. 建设单位负责人

B. 设计单位项目负责人

C. 施工单位项目专业技术负责人

D. 总监理工程师

E. 专业监理工程师

正确答案：CE

答案解析：见 GB 55032—2022　4.3.2

34. 依据 GB 55032—2022，地基与基础分部工程验收由总监理工程师组织，（　　）应参加。

A. 勘察单位项目负责人

B. 设计单位项目负责人

C. 施工单位质量部门负责人

D. 建设单位负责人

E. 施工单位技术部门负责人

正确答案：ABCE

答案解析：见 GB 55032—2022　4.3.3

35. 依据 GB 55032—2022，建设单位应在竣工预验收合格后组织(　　)等相关单位项目负责人进行工程竣工验收。

A. 监理单位　B. 施工单位　C. 勘察单位　D. 设计单位

E. 质量监督机构

正确答案：ABCD

答案解析：见 GB 55032—2022　4.3.4

36. 依据 GB 55032—2022，单位工程完工后，设计单位应对(　　)进行检查，并应编制设计工程质量检查报告，按规定程序审批后向建设单位提交。

A. 设计规范　B. 设计合同　C. 设计资质　D. 设计文件

E. 设计变更

正确答案：DE

答案解析：见 GB 55032—2022　4.3.4

37. 依据 GB 55032—2022，建筑工程应编制工程使用说明书，并应包括(　　)。

A. 工程概况　B. 保修期限

C. 主体结构位置示意图　D. 合理使用年限

E. 使用维护注意事项

正确答案：ABCDE

答案解析：见 GB 55032—2022　5.0.1

38. 依据 GB 55032—2022，施工单位应履行保修义务，并应与建设单位签署施工质量保修书，施工质量保修书中应明确(　　)。

A. 保修范围　B. 工程概况　C. 合理使用年限　D. 保修期限

E. 保修责任

正确答案：ADE

答案解析：见 GB 55032—2022　5.0.2

39. 依据 GB 55032—2022，当工程在保修期内出现一般质量缺陷时，建设单位应向施工单位发出保修通知，施工单位应进行(　　)。

A. 签订保修合同　B. 接受监理通知　C. 现场勘察　D. 制定保修方案

E. 及时修复

正确答案：CDE

答案解析：见 GB 55032—2022　5.0.3

40. 依据 GB 55032—2022，（　　）在保修期内应明确保修和质量投诉受理部门、人员及联系方式，并建立相关工作记录文件。

A. 建设单位　　B. 监理单位

C. 施工单位　　D. 受委托的其他单位

E. 发包单位

正确答案：ACD

答案解析：见 GB 55032—2022　5.0.5

41. 依据 GB 55032—2022，建筑节能分部工程包含下列哪些子分部工程？（　　）

A. 围护系统节能　　B. 地面节能　　C. 电气动力节能　　D. 可再生能源

E. 电梯节能

正确答案：ACD

答案解析：见 GB 55032—2022　附录 A.0.1

42. 依据 GB 55032—2022，屋面分部工程包含哪些子分部工程？（　　）

A. 基层与保护　　B. 保温与隔热　　C. 防水与密封　　D. 瓦面与板面

E. 细部构造

正确答案：ABCDE

答案解析：见 GB 55032—2022　附录 A.0.1

43. 依据 GB 55032—2022，下列哪些属于建筑工程土方子分部工程的分项工程？（　　）

A. 基坑开挖　　B. 土方开挖　　C. 沟槽开挖　　D. 土方回填

E. 场地平整

正确答案：BDE

答案解析：见 GB 55032—2022　附录 A.0.1

44. 依据 GB 55032—2022，建筑节能分部工程中，围护系统节能子分部工程包含下列哪些分项工程？（　　）

A. 墙体节能　　B. 幕墙节能　　C. 门窗节能　　D. 屋面节能

E. 地面节能

正确答案：ABCDE

答案解析：见 GB 55032—2022　附录 A.0.1

45. 依据 GB 55032—2022，电气照明子分部工程包含下列哪些分项工程？（　　）

A. 普通灯具安装　　B. 专用灯具安装

C. 建筑照明通电试运行　　D. 成套配电柜安装

E. 开关、插座、风扇安装

正确答案：ABCDE

答案解析：见 GB 55032—2022　附录 A.0.1

46. 依据 GB 55032—2022，建筑工程混凝土结构子分部工程包含下列哪些分项工程？(　　)

A. 模板　　B. 钢筋　　C. 混凝土　　D. 预应力

E. 装配式结构

正确答案：ABCDE

答案解析：见 GB 55032—2022　附录 A.0.1

47. 依据 GB 55032—2022，下列哪些属于建筑工程地下防水子分部工程的分项工程？(　　)

A. 主体结构防水　　B. 细部构造防水　　C. 排水　　D. 注浆

E. 特殊施工法结构防水

正确答案：ABCDE

答案解析：见 GB 55032—2022　附录 A.0.1

48. 依据 GB 55032—2022，下列哪些属于建筑装饰装修分部工程的子分部工程？(　　)

A. 地面防水　　B. 门窗　　C. 幕墙　　D. 轻质隔墙

E. 外墙防水

正确答案：BCDE

答案解析：见 GB 55032—2022　附录 A.0.1

49. 依据 GB 55032—2022，关于室外工程的单位工程、子单位工程和分部工程的划分，室外设施包括的子单位工程有(　　)。

A. 道路　　B. 土石方　　C. 边坡　　D. 路基

E. 挡土墙

正确答案：AC

答案解析：见 GB 55032—2022　附录 B.0.1

50. 依据 GB 55032—2022，关于室外工程的单位工程、子单位工程和分部工程的划分，其中附属建筑的分部工程包括(　　)。

A. 车棚　　B. 围墙　　C. 大门　　D. 挡土墙

E. 建筑小品

正确答案：ABCD

答案解析：见 GB 55032—2022　附录 B.0.1

51. 依据 GB 55032—2022，室外环境子单位工程包含下列哪些分部工程？（　　）

A. 建筑小品　B. 广场与停车场　C. 水景　D. 连廊

E. 雕塑

正确答案：ACD

答案解析：见 GB 55032—2022　附录 B. 0. 1

52. 依据 GB 55032—2022，关于园林附属工程园林设施安装分部工程，以下哪些属于其分项工程？（　　）

A. 栏杆　B. 潜水泵安装　C. 水景喷头安装　D. 标牌

E. 座椅（凳）安装

正确答案：ADE

答案解析：见 GB 55032—2022　附录 C. 0. 1

53. 依据 GB 55032—2022，关于市政工程的单位工程、分部工程、分项工程的划分，桥梁工程中墩台的子分部工程包含（　　）。

A. 承台　B. 砌体墩台　C. 现浇混凝土墩台　D. 预制混凝土柱

E. 台背土

正确答案：BCDE

答案解析：见 GB 55032—2022　附录 C. 0. 1

54. 依据 GB 55032—2022，桥梁工程桥跨承重结构的子分部工程包括哪些类型？（　　）

A. 支架上浇筑混凝土梁　B. 装配式钢筋混凝土梁

C. 扩大基础　D. 装配式混凝土拱部结构

E. 悬臂浇筑预应力混凝土梁

正确答案：ABE

答案解析：见 GB 55032—2022　附录 C. 0. 1

55. 依据 GB 55032—2022，道路工程面层的子分部工程包括哪些类型？（　　）

A. 沥青混合料面层　B. 沥青贯入式面层

C. 水泥混凝土面层　D. 料石面层

E. 路基处理

正确答案：ABC

答案解析：见 GB 55032—2022　附录 C. 0. 1

56. 依据 GB 55032—2022，绿化工程的栽植基础栽植前土壤处理子分部工程包括哪些内容？（　　）

A. 栽植土　B. 栽植前场地清理

C. 栽植土回填及地形改造　　D. 栽植土施肥和表层整理
E. 设施绿化栽植
正确答案：ABCD
答案解析：见 GB 55032—2022　附录 C. 0. 1

57. 依据 GB 55032—2022，给水排水构筑物工程的主体结构工程包括哪些类型？(　　)
A. 现浇混凝土结构　　B. 装配式混凝土结构
C. 砌筑结构　　D. 钢结构
E. 地基与基础
正确答案：ABCD
答案解析：见 GB 55032—2022　附录 C. 0. 1

58. 依据 GB 55032—2022，给水排水管道工程的预制管开槽施工主体结构分部工程包括哪些内容？(　　)
A. 管道基础　　B. 管道接口连接　　C. 管道铺设　　D. 管道防腐层
E. 土方开挖
正确答案：ABCD
答案解析：见 GB 55032—2022　附录 C. 0. 1

59. 依据 GB 55032—2022，关于市政工程的单位工程、分部工程、分项工程划分，其中道路工程中路基的分项工程包含(　　)。
A. 土方路基　　B. 石方路基　　C. 路基处理　　D. 石灰土基层
E. 路肩
正确答案：ABCE
答案解析：见 GB 55032—2022　附录 C. 0. 1

60. 依据 GB 55032—2022，桥梁工程中地基与基础的子分部工程包括哪些类型？(　　)
A. 扩大基础　　B. 沉入桩　　C. 灌注桩　　D. 沉井
E. 墩台
正确答案：ABCD
答案解析：见 GB 55032—2022　附录 C. 0. 1

61. 依据 GB 55032—2022，绿化工程的栽植工程包括哪些内容？(　　)
A. 常规栽植　　B. 大树移植
C. 水湿生植物栽植　　D. 园路与广场铺装工程
E. 设施绿化栽植

正确答案：ABCE

答案解析：见 GB 55032—2022　附录 C. 0. 1

62. 依据 GB 55032—2022，建筑工程主体结构分部工程包含下列哪些子分部工程？（　　）

A. 钢筋混凝土结构　　B. 混凝土结构

C. 钢管混凝土结构　　D. 型钢混凝土结构

E. 装配式钢结构

正确答案：BCD

答案解析：见 GB 55032—2022　附录 A. 0. 1

63. 依据 GB 55032—2022，桥梁工程的墩台分部工程包括哪些类型？（　　）

A. 砌体墩台　　B. 现浇混凝土墩台　　C. 预制混凝土柱　　D. 台背土

E. 台座系统

正确答案：ABCD

答案解析：见 GB 55032—2022　附录 C. 0. 1

64. 依据 GB 55032—2022，给水排水管道工程的管渠（廊）施工包括哪些内容？（　　）

A. 现浇钢筋混凝土管渠　　B. 装配式混凝土管渠

C. 砌筑管渠　　D. 管道内防腐层

E. 闭气试验

正确答案：ABCD

答案解析：见 GB 55032—2022　附录 C. 0. 1

三、判断题

1. 《建筑与市政工程施工质量控制通用规范》（GB 55032—2022）可以代替《建筑工程施工质量验收统一标准》（GB 50300—2013）。（　　）

A. 对　　B. 错

正确答案：B

答案解析：见 GB 55032—2022　前言

2. 依据 GB 55032—2022，制定《建筑与市政工程施工质量控制通用规范》GB 55032—2022 的目的：规范建筑与市政工程施工质量控制活动，保证人民群众生命财产安全和人身健康，提高施工质量控制水平。（　　）

A. 对　　B. 错

正确答案：A

答案解析：见 GB 55032—2022　1.0.1

3. 依据 GB 55032—2022，工程建设采用创新性的技术方法和措施，应进行论证并符合该规范中有关性能的要求。(　　)

A. 对　　　　B. 错

正确答案：A

答案解析：见 GB 55032—2022　1.0.3

4. 依据 GB 55032—2022，工程项目施工应建立项目质量管理体系，明确质量责任人及岗位职责，建立质量责任追溯制度。(　　)

A. 对　　　　B. 错

正确答案：A

答案解析：见 GB 55032—2022　2.0.1

5. 依据 GB 55032—2022，工程项目各方的工程建设合同，应明确具体质量标准、各方质量控制的权利与责任。(　　)

A. 对　　　　B. 错

正确答案：A

答案解析：见 GB 55032—2022　2.0.3

6. 依据 GB 55032—2022，勘察、设计文件应符合工程特点和合同要求，应说明工程地质、水文和环境条件可能造成的工程质量风险，设计深度应符合施工要求，并应经过风险管理程序审批。(　　)

A. 对　　　　B. 错

正确答案：B

答案解析：见 GB 55032—2022　2.0.4

7. 依据 GB 55032—2022，为了装修效果，建设单位可以直接对装饰装修分部工程中不影响结构安全的材料进行调整。(　　)

A. 对　　　　B. 错

正确答案：B

答案解析：见 GB 55032—2022　2.0.5

8. 依据 GB 55032—2022，施工进度计划应经建设单位、设计单位审批后执行。(　　)

A. 对　　　　B. 错

正确答案：B

答案解析：见 GB 55032—2022　2.0.6

9. 依据 GB 55032—2022，当部分工程质量控制资料缺失时，可以将被委托的具备资质的检测机构出具的实体检验或抽样试验的检测报告，作为工程质量验收资料的一部分。(　　)

A. 对　　　　B. 错

正确答案：A

答案解析：见 GB 55032—2022　2.0.7

10. 依据 GB 55032—2022，工程质量控制资料应基本齐全、真实有效，且具有可追溯性。(　　)

A. 对　　　　B. 错

正确答案：B

答案解析：见 GB 55032—2022　2.0.7

11. 依据 GB 55032—2022，实行监理的工程项目，施工前应编制监理规划和监理实施细则，并应按规定程序审批，当需变更时应由总监理工程师负责审批。(　　)

A. 对　　　　B. 错

正确答案：B

答案解析：见 GB 55032—2022　2.0.8

12. 依据 GB 55032—2022，施工现场技能工人配备方案应报监理单位审查后实施。(　　)

A. 对　　　　B. 错

正确答案：A

答案解析：见 GB 55032—2022　2.0.10

13. 依据 GB 55032—2022，施工管理人员和现场作业人员应进行全员质量培训，并应考核合格。(　　)

A. 对　　　　B. 错

正确答案：A

答案解析：见 GB 55032—2022　2.0.11

14. 依据 GB 55032—2022，工程质量策划中，应对采用新技术、新工艺、新材料、新设备的部位和环节设置质量控制点。(　　)

A. 对　　　　B. 错

正确答案：A

答案解析：见 GB 55032—2022　3.1.3

15. 依据 GB 55032—2022，分项工程施工应实施样板示范制度，直观展示关键部位、关键工序的做法与要求。(　　)

A. 对　　　　B. 错

正确答案：A

答案解析：见 GB 55032—2022　3.1.6

16. 依据 GB 55032—2022，经过计量检定、校准合格的测量与计量设备，可以使用。(　　)

A. 对　　　　B. 错

正确答案：B

答案解析：见 GB 55032—2022　3.1.7

17. 依据 GB 55032—2022，涉及安全、节能、环境保护和主要使用功能的重要材料、产品应按各专业相关规定进行复验，并应经总监理工程师检查认可。(　　)

A. 对　　　　B. 错

正确答案：B

答案解析：见 GB 55032—2022　3.2.1

18. 依据 GB 55032—2022，见证检验应在建设单位或者监理单位的监督下现场取样、送检，检测试样应具有真实性和代表性。(　　)

A. 对　　　　B. 错

正确答案：A

答案解析：见 GB 55032—2022　3.2.2

19. 依据 GB 55032—2022，进口产品应附有说明书，经进场验收合格后方可使用。(　　)

A. 对　　　　B. 错

正确答案：B

答案解析：见 GB 55032—2022　3.2.3

20. 依据 GB 55032—2022，重要线位、控制点和定位点测设完成后应经复测无误后方可使用。(　　)

A. 对　　　　B. 错

正确答案：A

答案解析：见 GB 55032—2022　3.3.1

21. 依据 GB 55032—2022，监理单位应保留工程测量原始观测数据的现场记录及测量成果交付记录，并应对测量结果进行校核。(　　)

A. 对　　B. 错

正确答案：B

答案解析：见 GB 55032—2022　3.3.2

22. 依据 GB 55032—2022，上一道工序未经过监理验收不得进行下一道工序施工。(　　)

A. 对　　B. 错

正确答案：B

答案解析：见 GB 55032—2022　3.3.4

23. 依据 GB 55032—2022，基坑、基槽、沟槽开挖后，建设单位应会同勘察、设计、施工和监理单位实地验槽，并应会签验槽记录。(　　)

A. 对　　B. 错

正确答案：A

答案解析：见 GB 55032—2022　3.3.5

24. 依据 GB 55032—2022，当既有建筑装饰装修工程设计涉及主体结构和承重结构变动时，必须委托原结构设计单位提出设计方案。(　　)

A. 对　　B. 错

正确答案：B

答案解析：见 GB 55032—2022　3.3.7

25. 依据 GB 55032—2022，当既有建筑装饰装修工程设计涉及主体结构和承重结构变动时，可由鉴定单位对建筑结构的安全性进行鉴定，依据鉴定结果确定设计方案。(　　)

A. 对　　B. 错

正确答案：A

答案解析：见 GB 55032—2022　3.3.7

26. 依据 GB 55032—2022，建筑外门窗应安装牢固，并应配备防脱落装置。(　　)

A. 对　　B. 错

正确答案：B

答案解析：见 GB 55032—2022　3.3.7

27. 依据 GB 55032—2022，临空处设置的用于防护的栏杆以及无障碍设施的安全抓杆应与主体结构连接牢固。(　　)

A. 对　　B. 错

正确答案：A

答案解析：见 GB 55032—2022　3.3.7

28. 依据 GB 55032—2022，装饰装修工程施工时，电风扇、投影仪、音响可以安装在吊顶工程的龙骨上。(　　)

A. 对　　B. 错

正确答案：B

答案解析：见 GB 55032—2022　3.3.7

29. 依据 GB 55032—2022，屋面工程施工时，伸出屋面的管道、设备或预埋件等，应在保温层和防水层施工前安设完毕。(　　)

A. 对　　B. 错

正确答案：A

答案解析：见 GB 55032—2022　3.3.8

30. 依据 GB 55032—2022，地下管道防腐层应完整连续，新建管道阴极保护设计、施工应与管道设计、施工同时进行，阴极保护应经检测合格，并同时投入使用。(　　)

A. 对　　B. 错

正确答案：A

答案解析：见 GB 55032—2022　3.3.10

31. 依据 GB 55032—2022，管道清扫冲洗、强度试验及严密性试验和室内消火栓系统试射试验前，施工单位应编制试验方案，按设计要求确定试验方法、试验压力和合格标准，制定质量和安全保证措施。(　　)

A. 对　　B. 错

正确答案：A

答案解析：见 GB 55032—2022　3.3.11

32. 依据 GB 55032—2022，工程中包含的机械、电气和自动化系统与设备应按规范要求进行试运行，并能正常使用。(　　)

A. 对　　B. 错

正确答案：B

答案解析：见 GB 55032—2022　3.3.13

33. 依据 GB 55032—2022，施工单位委托具有资质的第三方检测机构出具的检测报告可以作为工程质量验收依据。(　　)

A. 对　　B. 错

正确答案：B

答案解析：见 GB 55032—2022　3.4.1

34. 依据 GB 55032—2022，工程施工前应制定工程试验及检测方案，并应经监理单位审核通过后实施。（　　）

A. 对　　B. 错

正确答案：A

答案解析：见 GB 55032—2022　3.4.2

35. 依据 GB 55032—2022，钢筋分项工程验收中，机械连接接头的检测试样应从现场相应的施工部位制取。（　　）

A. 对　　B. 错

正确答案：A

答案解析：见 GB 55032—2022　3.4.3

36. 依据 GB 55032—2022，单位工程应为具有单独设计文件的，建成后可以独立发挥生产能力或产生效益的一组配套齐全的工程项目。（　　）

A. 对　　B. 错

正确答案：B

答案解析：见 GB 55032—2022　4.1.1

37. 依据 GB 55032—2022，施工前，应由施工单位制定单位工程、分部工程、分项工程和检验批的划分方案，并由施工单位技术负责人审核通过后实施。（　　）

A. 对　　B. 错

正确答案：B

答案解析：见 GB 55032—2022　4.1.2

38. 依据 GB 55032—2022，施工现场情况与规范附录不同时，应按实际情况进行分部工程、分项工程和检验批划分，由建设单位组织监理单位、施工单位共同确定。（　　）

A. 对　　B. 错

正确答案：A

答案解析：见 GB 55032—2022　4.1.2

39. 依据 GB 55032—2022，工程竣工验收合格后，施工单位应在建（构）筑物的明显位置设置有关工程质量责任主体的永久性标牌。（　　）

A. 对　　B. 错

正确答案：B

答案解析：见 GB 55032—2022　4.1.3

40. 依据 GB 55032—2022，工程资料文件应随工程施工质量验收同步形成。(　　)

A. 对　　B. 错

正确答案：B

答案解析：见 GB 55032—2022　4.1.4

41. 依据 GB 55032—2022，勘察、设计、施工、监理等单位应将本单位形成的工程文件立卷后向建设单位移交。(　　)

A. 对　　B. 错

正确答案：A

答案解析：见 GB 55032—2022　4.1.5

42. 依据 GB 55032—2022，工程竣工验收备案前，施工单位应将全部工程文件收集齐全、整理立卷，向城建档案管理机构移交。(　　)

A. 对　　B. 错

正确答案：B

答案解析：见 GB 55032—2022　4.1.5

43. 依据 GB 55032—2022，工程施工质量应符合国家现行强制性工程建设规范的规定，并应符合工程勘察设计文件的要求和合同约定。(　　)

A. 对　　B. 错

正确答案：A

答案解析：见 GB 55032—2022　4.2.1

44. 依据 GB 55032—2022，检验批质量验收中，一般项目的质量应符合国家现行相关标准的规定。(　　)

A. 对　　B. 错

正确答案：A

答案解析：见 GB 55032—2022　4.2.2

45. 依据 GB 55032—2022，检验批质量验收中，主控项目的质量经抽样检验应达到 90%的合格率。(　　)

A. 对　　B. 错

正确答案：B

答案解析：见 GB 55032—2022　4.2.2

46. 依据 GB 55032—2022，施工质量不符合验收标准，但经有资质的检测机构检测能够达到设计要求的检验批，应予以验收。(　　)

A. 对　　　　B. 错

正确答案：A

答案解析：见 GB 55032—2022　4.2.3

47. 依据 GB 55032—2022，经返工或返修的检验批，应重新进行验收。(　　)

A. 对　　　　B. 错

正确答案：A

答案解析：见 GB 55032—2022　4.2.3

48. 依据 GB 55032—2022，所含检验批的质量验收合格以及质量验收记录完整、真实，则分项工程质量验收合格。(　　)

A. 对　　　　B. 错

正确答案：A

答案解析：见 GB 55032—2022　4.2.4

49. 依据 GB 55032—2022，单位工程质量验收时所含分部工程中有关安全、节能、环境保护和主要使用功能的检验资料应基本完整。(　　)

A. 对　　　　B. 错

正确答案：B

答案解析：见 GB 55032—2022　4.2.6

50. 依据 GB 55032—2022，对于经返修或加固处理能满足安全及使用功能要求的分部工程，应按技术处理方案和协商文件的要求予以验收。(　　)

A. 对　　　　B. 错

正确答案：A

答案解析：见 GB 55032—2022　4.2.7

51. 依据 GB 55032—2022，经返修或加固处理仍不能满足安全或重要使用功能要求的分部工程及单位工程，可以降低一级标准予以验收。(　　)

A. 对　　　　B. 错

正确答案：B

答案解析：见 GB 55032—2022　4.2.8

52. 依据 GB 55032—2022，检验批应由专业监理工程师组织施工单位项目专业质量检查员、专业工长等进行验收。(　　)

A. 对　　　　B. 错

正确答案：A

答案解析：见 GB 55032—2022　4.3.1

53. 依据 GB 55032—2022，外墙保温工程应由总监理工程师组织验收，施工单位技术、质量部门负责人，设计单位负责人应参加。(　　)

A. 对　　　　B. 错

正确答案：B

答案解析：见 GB 55032—2022　4.3.2

54. 依据 GB 55032—2022，勘察、设计单位项目负责人和施工单位技术、质量部门负责人应参加地基与基础分部工程的验收。(　　)

A. 对　　　　B. 错

正确答案：A

答案解析：见 GB 55032—2022　4.3.3

55. 依据 GB 55032—2022，设计单位项目负责人和施工单位技术、质量部门负责人应参加主体结构、节能分部工程的验收。(　　)

A. 对　　　　B. 错

正确答案：A

答案解析：见 GB 55032—2022　4.3.3

56. 依据 GB 55032—2022，工程竣工验收前，勘察单位应编制勘察工程质量检查报告，按规定程序审批后向监理单位提交。(　　)

A. 对　　　　B. 错

正确答案：B

答案解析：见 GB 55032—2022　4.3.4

57. 依据 GB 55032—2022，单位工程完工后，施工单位应自检合格，并应编制工程竣工报告，按规定程序审批后向监理单位提交。(　　)

A. 对　　　　B. 错

正确答案：B

答案解析：见 GB 55032—2022　4.3.4

58. 依据 GB 55032—2022，设计单位应对设计文件及施工过程的设计变更进行检查，并应编制设计工程质量检查报告，按规定程序审批后向监理单位提交。(　　)

A. 对　　　　B. 错

正确答案：B

答案解析：见 GB 55032—2022　4.3.4

59. 依据 GB 55032—2022，工程竣工验收前，施工单位应自检合格，并应编制工程竣工报告，按规定程序审批后向建设单位提交。(　　)

A. 对　　　　B. 错

正确答案：A

答案解析：见 GB 55032—2022　4.3.4

60. 依据 GB 55032—2022，质量监督机构应在工程竣工预验收合格后组织建设、监理、施工、设计、勘察单位等相关单位项目负责人进行工程竣工验收。(　　)

A. 对　　　　B. 错

正确答案：B

答案解析：见 GB 55032—2022　4.3.4

61. 依据 GB 55032—2022，建筑工程应编制工程使用说明书。(　　)

A. 对　　　　B. 错

正确答案：A

答案解析：见 GB 55032—2022　5.0.1

62. 依据 GB 55032—2022，施工单位应建立质量回访和质量投诉处理机制。(　　)

A. 对　　　　B. 错

正确答案：B

答案解析：见 GB 55032—2022　5.0.2

63. 依据 GB 55032—2022，当工程在保修期内出现涉及结构安全或影响使用功能的严重质量缺陷时，应由建设单位提出保修设计方案，施工单位实施保修。(　　)

A. 对　　　　B. 错

正确答案：B

答案解析：见 GB 55032—2022　5.0.4

64. 依据 GB 55032—2022，施工单位在保修期内应明确保修和质量投诉受理部门、人员及联系方式，并建立相关工作记录文件。(　　)

A. 对　　　　B. 错

正确答案：A

答案解析：见 GB 55032—2022　5.0.5

65. 依据 GB 55032—2022，监理单位、施工单位或受委托的其他单位在保修期内应明确保修和质量投诉受理部门、人员及联系方式，并建立相关工作记录文

件。(　　)

A. 对　　　　B. 错

正确答案：B

答案解析：见 GB 55032—2022　5.0.5

66. 依据 GB 55032—2022，室外水景喷泉系统的管道系统安装属于室外工程。(　　)

A. 对　　　　B. 错

正确答案：B

答案解析：见 GB 55032—2022　附录 B.0.1

67. 依据 GB 55032—2022，道路工程的装配式钢筋混凝土挡土墙施工包括地基和基础。(　　)

A. 对　　　　B. 错

正确答案：A

答案解析：见 GB 55032—2022　附录 C.0.1

68. 依据 GB 55032—2022，采光顶玻璃安装属于幕墙子分部工程的分项工程。(　　)

A. 对　　　　B. 错

正确答案：B

答案解析：见 GB 55032—2022　附录 A.0.1

69. 依据 GB 55032—2022，桥梁工程中的顶推施工混凝土梁施工包括台座系统。(　　)

A. 对　　　　B. 错

正确答案：A

答案解析：见 GB 55032—2022　附录 C.0.1

70. 依据 GB 55032—2022，给水排水管道工程中的桥管施工包括管道防腐层。(　　)

A. 对　　　　B. 错

正确答案：A

答案解析：见 GB 55032—2022　附录 C.0.1

71. 依据 GB 55032—2022，道路工程中的基层材料包括石灰土基层和水泥稳定土类基层。(　　)

A. 对　　　　B. 错

正确答案：A

答案解析：见 GB 55032—2022 附录 C.0.1

72. 依据 GB 55032—2022，建筑节能分部工程包含监控系统节能子分部工程。(　　)

A. 对　　B. 错

正确答案：A

答案解析：见 GB 55032—2022 附录 A.0.1

73. 依据 GB 55032—2022，给水排水管道工程的沟槽土方包括沟槽开挖、沟槽支撑、沟槽回填。(　　)

A. 对　　B. 错

正确答案：A

答案解析：见 GB 55032—2022 附录 C.0.1

74. 依据 GB 55032—2022，防水与密封属于屋面分部工程的分项工程。(　　)

A. 对　　B. 错

正确答案：B

答案解析：见 GB 55032—2022 附录 A.0.1

75. 依据 GB 55032—2022，建筑工程地基与基础分部工程包含主体结构防水分项工程。(　　)

A. 对　　B. 错

正确答案：A

答案解析：见 GB 55032—2022 附录 A.0.1

76. 依据 GB 55032—2022，给水排水构筑物工程的主体结构工程包括现浇混凝土结构。(　　)

A. 对　　B. 错

正确答案：A

答案解析：见 GB 55032—2022 附录 C.0.1

77. 依据 GB 55032—2022，边坡属于建筑工程地基与基础分部工程的子分部工程。(　　)

A. 对　　B. 错

正确答案：A

答案解析：见 GB 55032—2022 附录 A.0.1

78. 依据 GB 55032—2022，给水排水管道工程的井室施工不包括支墩。(　　)

A. 对　　　　B. 错

正确答案：A

答案解析：见 GB 55032—2022　附录 C. 0. 1

79. 依据 GB 55032—2022，给水排水管道工程的闭水试验属于排水管道的严密性试验。(　　)

A. 对　　　　B. 错

正确答案：A

答案解析：见 GB 55032—2022　附录 C. 0. 1

80. 依据 GB 55032—2022，室外工程划分为室外设施、附属建筑及室外环境两个单位工程。(　　)

A. 对　　　　B. 错

正确答案：A

答案解析：见 GB 55032—2022　附录 B. 0. 1

81. 依据 GB 55032—2022，给水管道的水压试验包括强度试验和严密性试验。(　　)

A. 对　　　　B. 错

正确答案：A

答案解析：见 GB 55032—2022　附录 C. 0. 1

82. 依据 GB 55032—2022，卫生间地面防水层属于建筑装饰装修分部工程的分项工程。(　　)

A. 对　　　　B. 错

正确答案：B

答案解析：见 GB 55032—2022　附录 A. 0. 1

83. 依据 GB 55032—2022，自动人行道属于电梯分部工程的子分部工程。(　　)

A. 对　　　　B. 错

正确答案：A

答案解析：见 GB 55032—2022　附录 A. 0. 1

84. 依据 GB 55032—2022，门窗工程属于建筑工程的分部工程之一。(　　)

A. 对　　　　B. 错

正确答案：B

答案解析：见 GB 55032—2022　附录 A. 0. 1

85. 依据 GB 55032—2022，桥梁工程的索塔施工包括锚索张拉与压浆。(　　)

A. 对　　B. 错

正确答案：B

答案解析：见 GB 55032—2022　附录 C. 0. 1

86. 依据 GB 55032—2022，市政工程的分部工程划分中，道路工程包括路基、基层和面层。(　　)

A. 对　　B. 错

正确答案：A

答案解析：见 GB 55032—2022　附录 C. 0. 1

87. 依据 GB 55032—2022，石膏板吊顶是吊顶子分部工程的分项工程。(　　)

A. 对　　B. 错

正确答案：B

答案解析：见 GB 55032—2022　附录 A. 0. 1

88. 依据 GB 55032—2022，市政工程中的人行地道结构不包括预制钢筋混凝土人行地道结构。(　　)

A. 对　　B. 错

正确答案：B

答案解析：见 GB 55032—2022　附录 C. 0. 1

89. 依据 GB 55032—2022，桥梁工程的沉入桩施工不包括预制桩。(　　)

A. 对　　B. 错

正确答案：B

答案解析：见 GB 55032—2022　附录 C. 0. 1

90. 依据 GB 55032—2022，绿化工程中的设施绿化栽植包括草坪及草本地被播种。(　　)

A. 对　　B. 错

正确答案：B

答案解析：见 GB 55032—2022　附录 C. 0. 1

91. 依据 GB 55032—2022，降水与排水属于地基与基础分部工程的子分部工程。(　　)

A. 对　　B. 错

正确答案：B

答案解析：见 GB 55032—2022　附录 A. 0. 1

92. 依据 GB 55032—2022，桥梁工程的锚锭施工包括锚固体系制作和安装。(　　)

A. 对　　B. 错

正确答案：A

答案解析：见 GB 55032—2022　附录 C.0.1

93. 依据 GB 55032—2022，火灾自动报警系统属于消防子分部工程。(　　)

A. 对　　B. 错

正确答案：B

答案解析：见 GB 55032—2022　附录 A.0.1

94. 依据 GB 55032—2022，清水砌体勾缝属于抹灰子分部工程的分项工程。(　　)

A. 对　　B. 错

正确答案：A

答案解析：见 GB 55032—2022　附录 A.0.1

95. 依据 GB 55032—2022，可再生能源属于建筑节能分部工程的子分部工程。(　　)

A. 对　　B. 错

正确答案：A

答案解析：见 GB 55032—2022　附录 A.0.1

96. 依据 GB 55032—2022，桥梁工程的桥面系施工包括排水设施和防水层。(　　)

A. 对　　B. 错

正确答案：A

答案解析：见 GB 55032—2022　附录 C.0.1

97. 依据 GB 55032—2022，防火门安装属于门窗分部工程的分项工程。(　　)

A. 对　　B. 错

正确答案：B

答案解析：见 GB 55032—2022　附录 A.0.1

98. 依据 GB 55032—2022，铝合金幕墙结构安装属于铝合金结构子分部工程的分项工程。(　　)

A. 对　　B. 错

正确答案：A

答案解析：见 GB 55032—2022　附录 A.0.1

99. 依据 GB 55032—2022，桥梁工程的桥跨承重结构包括支架上浇筑混凝土梁。(　　)

A. 对　　　　B. 错

正确答案：A

答案解析：见 GB 55032—2022　附录 C. 0. 1

100. 依据 GB 55032—2022，室外工程的挡土墙分部工程，根据其工程部位和功能可划分到道路、边坡和附属建筑三个子单位工程。(　　)

A. 对　　　　B. 错

正确答案：A

答案解析：见 GB 55032—2022　附录 B. 0. 1

101. 依据 GB 55032—2022，桥梁工程的桥跨承重结构中，支架上浇筑混凝土梁（板）包括模板与支架。(　　)

A. 对　　　　B. 错

正确答案：A

答案解析：见 GB 55032—2022　附录 C. 0. 1

102. 依据 GB 55032—2022，整体面层吊顶属于建筑装饰装修分部工程的子分部工程。(　　)

A. 对　　　　B. 错

正确答案：B

答案解析：见 GB 55032—2022　附录 A. 0. 1

103. 依据 GB 55032—2022，绿化工程中的栽植基础工程包括栽植前土壤处理。(　　)

A. 对　　　　B. 错

正确答案：A

答案解析：见 GB 55032—2022　附录 C. 0. 1

104. 依据 GB 55032—2022，室外边坡属于室外环境子单位工程的分部工程。(　　)

A. 对　　　　B. 错

正确答案：B

答案解析：见 GB 55032—2022　附录 B. 0. 1

105. 依据 GB 55032—2022，桥梁工程中的地基与基础施工不包括扩大基础。(　　)

A. 对　　　　B. 错

正确答案：B

答案解析：见 GB 55032—2022　附录 C.0.1

四、问答题

1. 依据 GB 55032—2022，请简述施工工序间的衔接应符合的规定。

正确答案

施工工序间的衔接，应符合下列规定：

1）每道施工工序完成后，施工单位应进行自检，并应保留检查记录；

2）各专业工种之间的相关工序应进行交接检验，并应保留检查记录；

3）对监理规划或监理实施细则中提出检查要求的重要工序，应经专业监理工程师检查合格并签字确认后，进行下道工序施工；

4）隐蔽工程在隐蔽前应由施工单位通知监理单位进行验收，并应留存现场影像资料，形成验收文件，经验收合格后方可继续施工。

答案解析：见 GB 55032—2022　3.3.4

2. 依据 GB 55032—2022，请简述单位工程完工后，各相关单位进行工程竣工验收应遵照的要求。

正确答案

单位工程完工后，各相关单位应按下列要求进行工程竣工验收：

1）勘察单位应编制勘察工程质量检查报告，按规定程序审批后向建设单位提交；

2）设计单位应对设计文件及施工过程的设计变更进行检查，并应编制设计工程质量检查报告，按规定程序审批后向建设单位提交；

3）施工单位应自检合格，并应编制工程竣工报告，按规定程序审批后向建设单位提交；

4）监理单位应在自检合格后组织工程竣工预验收，预验收合格后应编制工程质量评估报告，按规定程序审批后向建设单位提交；

5）建设单位应在竣工预验收合格后组织监理、施工、设计、勘察单位等相关单位项目负责人进行工程竣工验收。

答案解析：见 GB 55032—2022　4.3.4

3. 依据 GB 55032—2022，室外工程划分为哪些单位工程和子单位工程?

正确答案

1）室外工程划分为室外设施、附属建筑及室外环境两个单位工程。

2）室外设施单位工程划分为道路、边坡两个子单位工程。

3）附属建筑及室外环境单位工程划分为附属建筑、室外环境两个子单位工程。

答案解析：见 GB 55032—2022　附录 B

4. 依据 GB 55032—2022，检验批质量验收应符合哪些规定？

正确答案

检验批质量应按主控项目和一般项目验收，并应符合下列规定：

1）主控项目和一般项目的确定应符合国家现行强制性工程建设规范和现行相关标准的规定；

2）主控项目的质量经抽样检验应全部合格；

3）一般项目的质量应符合国家现行相关标准的规定；

4）应具有完整的施工操作依据和质量验收记录。

答案解析：见 GB 55032—2022　4.2.2

5. 依据 GB 55032—2022，单位工程质量验收合格应符合哪些规定？

正确答案

单位工程质量验收合格应符合下列规定：

1）所含分部工程的质量应全部验收合格；

2）质量控制资料应完整、真实；

3）所含分部工程中有关安全、节能、环境保护和主要使用功能的检验资料应完整；

4）主要使用功能的抽查结果应符合国家现行强制性工程建设规范的规定；

5）观感质量应符合要求。

答案解析：见 GB 55032—2022　4.2.6

6. 依据 GB 55032—2022，工程质量策划中应在哪些部位和环节设置质量控制点？

正确答案

应在下列部位和环节设置质量控制点：

1）影响施工质量的关键部位、关键环节；

2）影响结构安全和使用功能的关键部位、关键环节；

3）采用新技术、新工艺、新材料、新设备的部位和环节；

4）隐蔽工程验收。

答案解析：见 GB 55032—2022　3.1.3

7. 依据 GB 55032—2022，建筑工程使用说明书包括哪些内容？

正确答案

建筑工程应编制工程使用说明书，并应包括下列内容：

1）工程概况；

2）工程设计合理使用年限、性能指标及保修期限；

3）主体结构位置示意图、房屋上下水布置示意图、房屋电气线路布置示意图及复杂设备的使用说明；

4）使用维护注意事项。

答案解析：见 GB 55032—2022　5.0.1

8. 依据 GB 55032—2022，建筑工程划分为哪些分部工程？

正确答案

建筑工程划分为 10 个分部工程：

1）地基与基础；

2）主体结构；

3）建筑装饰装修；

4）屋面；

5）建筑给水排水及供暖；

6）通风与空调；

7）建筑电气；

8）智能系统；

9）建筑节能；

10）电梯。

答案解析：见 GB 55032—2022　附录 A

9. 依据 GB 55032—2022，当检验批施工质量不符合验收标准时，应如何处理？

正确答案

当检验批施工质量不符合验收标准时，应按下列规定进行处理：

1）经返工或返修的检验批，应重新进行验收；

2）经有资质的检测机构检测能够达到设计要求的检验批，应予以验收；

3）经有资质的检测机构检测达不到设计要求，但经原设计单位核算认可能够满足安全和使用功能的检验批，应予以验收。

答案解析：见 GB 55032—2022　4.2.3

10. 依据 GB 55032—2022，分部工程质量验收的组织应符合哪些规定？

正确答案

分部工程质量验收的组织应符合下列规定：

分部工程应由总监理工程师组织施工单位项目负责人和项目技术负责人等进行验收。勘察、设计单位项目负责人和施工单位技术、质量部门负责人应参加地基与基础分部工程的验收，设计单位项目负责人和施工单位技术、质量部门负责人应参加主体结构、节能分部工程的验收。

答案解析：见 GB 55032—2022　4.3.3

建筑与市政施工现场安全卫生与职业健康通用规范

【国标】

《建筑与市政施工现场
安全卫生与职业健康通用规范》
GB 55034—2022

一、单选题

1. 依据 GB 55034—2022，吊装作业时，对临时固定的构件，应(　　)。

A. 立即进行焊接加固

B. 采取加强措施

C. 在安装固定完成并经检查确认无误后，方可解除临时固定措施

D. 采取稳定措施

正确答案：C

答案解析：见 GB 55034—2022　3.4.6

2. 依据 GB 55034—2022，严禁将(　　)物质、易燃易爆物品、油类、酸碱类物质向城市排水管道或地表水体排放。

A. 有毒　　B. 有害　　C. 固体　　D. 漂浮

正确答案：A

答案解析：见 GB 55034—2022　4.0.5

3. 依据 GB 55034—2022，施工现场食堂的制作间、储藏间应配备必要的(　　)和冷藏设施。

A. 排烟　　B. 排风　　C. 空调　　D. 降噪

正确答案：B

答案解析：见 GB 55034—2022　5.0.3

4. 依据 GB 55034—2022，维修机械时，应设置(　　)标识。

A. 安全　　B. 警示　　C. 禁烟　　D. 防碰

正确答案：B

答案解析：见 GB 55034—2022　3.6.4

5. 依据 GB 55034—2022，施工现场生活区围挡高度不得低于(　　)。

A. 1.5m　　B. 1.6m　　C. 1.7m　　D. 1.8m

正确答案：D

答案解析：见 GB 55034—2022　2.0.4

6. 依据 GB 55034—2022，吊装作业时，对未形成稳定体系的部分，应采取(　　)固定措施。

A. 临时　　B. 可靠　　C. 稳定　　D. 加强

正确答案：A

答案解析：见 GB 55034—2022　3.4.6

7. 依据 GB 55034—2022，起重机械最高处的风速超过(　　)时，应停止起重机安装拆卸作业。

A. 9.0m/s　　B. 8.0m/s　　C. 7.0m/s　　D. 6.0m/s

正确答案：A

答案解析：见 GB 55034—2022　3.4.7

8. 依据 GB 55034—2022，爆破作业人员应按(　　)进行装药。

A. 设计药量　　B. 施工要求　　C. 爆破力　　D. 爆破水平

正确答案：A

答案解析：见 GB 55034—2022　3.12.3

9. 依据 GB 55034—2022，在建工程的围护设施高度低于(　　)的楼层周边应采取安全防护措施，并严禁随意拆除。

A. 1.2m　　B. 1.3m　　C. 1.4m　　D. 1.5m

正确答案：A

答案解析：见 GB 55034—2022　3.2.3

10. 依据 GB 55034—2022，预应力结构张拉、拆除时，预应力端头应采取防护措施，且轴线方向(　　)有施工作业人员。

A. 不宜　　B. 可以　　C. 不应　　D. 严禁

正确答案：C

答案解析：见 GB 55034—2022　3.3.5

11. 依据 GB 55034—2022，进行电钻、砂轮等手持电动工具作业时，应配备(　　)。

A. 紧口工作服　　B. 手套　　C. 绝缘鞋　　D. 防尘口罩

正确答案：C

答案解析：见 GB 55034—2022　6.0.12

12. 依据 GB 55034—2022，为防止施工作业人员中毒和窒息，施工单位应根据施工环境(　　)。

A. 配医务室　　B. 设置通风、换气和照明等设备

C. 配备药品　　D. 采取防护隔离措施

正确答案：B

答案解析：见 GB 55034—2022　3.9.2

13. 依据 GB 55034—2022，(　　)不符合架子工的劳动防护用品配备规定。

A. 安全帽　　B. 灵便松口的工作服
C. 系带防滑鞋　　D. 工作手套
正确答案：B
答案解析：见 GB 55034—2022　6.0.2

14. 依据 GB 55034—2022，施工现场生活区出入大门处应有专职门卫，并应实行(　　)管理。
A. 封闭式　　B. 实名制　　C. 开放式　　D. 民主式
正确答案：A
答案解析：见 GB 55034—2022　2.0.4

15. 依据 GB 55034—2022，为防止车辆伤害，施工车辆应(　　)。
A. 选用安全车辆　　B. 定期进行检查、维护和保养
C. 禁止夜间施工　　D. 白天施工
正确答案：B
答案解析：见 GB 55034—2022　3.8.5

16. 依据 GB 55034—2022，在高处拆除或拆卸作业时，(　　)上下同时进行。
A. 不宜　　B. 不应　　C. 不可　　D. 严禁
正确答案：D
答案解析：见 GB 55034—2022　3.3.2

17. 依据 GB 55034—2022，施工现场应根据工人数量合理设置临时(　　)。
A. 吸烟点　　B. 娱乐室　　C. 饮水点　　D. 会客点
正确答案：C
答案解析：见 GB 55034—2022　5.0.1

18. 依据 GB 55034—2022，钳工、铆工、通风工在进行石棉、玻璃棉等含尘毒材料作业时，应配备(　　)。
A. 紧口工作服　　B. 防毒口罩　　C. 安全鞋　　D. 风镜
正确答案：D
答案解析：见 GB 55034—2022　6.0.10

19. 依据 GB 55034—2022，油漆工在进行砂纸打磨作业时，应配备(　　)。
A. 安全鞋　　B. 防毒口罩　　C. 防尘口罩　　D. 有色防护眼镜
正确答案：C
答案解析：见 GB 55034—2022　6.0.6

20. 依据 GB 55034—2022，在对输送管道进行强度和严密性试验时，(　　)不能用于试验。

A. 氮气　　B. 空气　　C. 可燃气体　　D. 惰性气体

正确答案：C

答案解析：见 GB 55034—2022　3.11.3

21. 依据 GB 55034—2022，物料堆放高度应满足(　　)要求。

A. 强度　　B. 刚度　　C. 稳定性　　D. 承载力

正确答案：C

答案解析：见 GB 55034—2022　3.3.3

22. 依据 GB 55034—2022，施工现场的厕所粪便严禁直接排入(　　)内。

A. 污水管网　　B. 水沟　　C. 化粪池　　D. 污水箱涵

正确答案：B

答案解析：见 GB 55034—2022　5.0.6

23. 依据 GB 55034—2022，办公区和生活区应定期消毒，当遇突发疫情时，应及时上报，并应按(　　)相关规定进行处理。

A. 建设单位　　B. 施工单位　　C. 监理单位　　D. 卫生防疫部门

正确答案：D

答案解析：见 GB 55034—2022　5.0.10

24. 依据 GB 55034—2022，各类操作平台、载人装置应安全可靠，周边应设置(　　)。

A. 防护篷　　B. 临边防护　　C. 安全网　　D. 安全带

正确答案：B

答案解析：见 GB 55034—2022　3.2.5

25. 依据 GB 55034—2022，在边坡及基坑开挖作业过程中，监测工作(　　)。

A. 只在开挖初期进行一次监测，以节省成本

B. 可由经验丰富的施工人员主观判断代替

C. 应根据设计和施工方案的要求进行

D. 仅在外部专家要求时进行

正确答案：C

答案解析：见 GB 55034—2022　3.5.4

26. 依据 GB 55034—2022，水上作业时，操作平台或操作面周边应采取安全(　　)措施。

A. 防护　　B. 防坠　　C. 防滑　　D. 防雷

正确答案：A

答案解析：见 GB 55034—2022　3.14.3

27. 依据 GB 55034—2022，(　　)不符合磨石工的劳动防护用品配备规定。

A. 紧口工作服　　B. 绝缘胶靴　　C. 手套　　D. 防尘口罩

正确答案：C

答案解析：见 GB 55034—2022　6.0.8

28. 依据 GB 55034—2022，在进行焊接或切割作业时，严禁(　　)。

A. 对承压作业时的管道进行焊接　　B. 对普通钢材进行切割

C. 在空旷场地对钢材进行焊接　　D. 对已排空的水箱进行切割

正确答案：A

答案解析：见 GB 55034—2022　3.11.8

29. 依据 GB 55034—2022，严禁使用(　　)或其他附件缺损的氧气瓶。

A. 减压器　　B. 回火防止器　　C. 调压器　　D. 控制器

正确答案：A

答案解析：见 GB 55034—2022　3.11.7

30. 依据 GB 55034—2022，在建筑施工过程中，对于临时结构的安全技术分析，必须确保(　　)。

A. 临时结构在所有可能的使用工况下都保持经济性

B. 临时结构仅需在正常气候条件下保持稳定性

C. 临时结构在设计使用工况下保持整体稳定性

D. 临时结构的安全技术分析仅在事故发生后进行

正确答案：C

答案解析：见 GB 55034—2022　3.5.13

31. 依据 GB 55034—2022，在进行线路和设备作业时，关于停送电操作，下列表述正确的是(　　)。

A. 可以根据作业计划预约停送电时间

B. 线路和设备作业严禁预约停送电

C. 停送电操作可以由作业人员自行决定，无须专业人员操作

D. 停送电操作应根据天气情况预约进行

正确答案：B

答案解析：见 GB 55034—2022　3.10.5

32. 依据 GB 55034—2022，当管道强度试验和严密性试验中发现缺陷时，应(　　)。

A. 立即在高压下进行修复，以测试修复效果

B. 保持高压状态，记录缺陷位置，等待统一处理

C. 待试验压力降至大气压后，再进行缺陷处理

D. 直接进行缺陷处理，无须降压

正确答案：C

答案解析：见 GB 55034—2022　3.11.4

33. 依据 GB 55034—2022，电焊工、气割工在高处作业时，应配备安全帽与面罩连接式焊接防护面罩和(　　)。

A. 安全带　　B. 安全绳　　C. 阻燃安全带　　D. 阻燃安全绳

正确答案：C

答案解析：见 GB 55034—2022　6.0.4

34. 依据 GB 55034—2022，边坡及基坑周边堆放材料、停放设备设施或使用机械设备等荷载，严禁超过(　　)要求的地面荷载限值。

A. 设计　　B. 施工　　C. 边坡　　D. 地质

正确答案：A

答案解析：见 GB 55034—2022　3.5.3

35. 依据 GB 55034—2022，临时支撑结构使用过程中，(　　)拆除构配件。

A. 不宜　　B. 不应　　C. 不可　　D. 严禁

正确答案：D

答案解析：见 GB 55034—2022　3.5.12

36. 依据 GB 55034—2022，基坑回填应在具有挡土功能的结构(　　)达到设计要求后进行。

A. 成型　　B. 稳定性　　C. 刚度　　D. 强度

正确答案：D

答案解析：见 GB 55034—2022　3.5.7

37. 依据 GB 55034—2022，在使用压力容器及其附件时，做法正确的是(　　)。

A. 可以使用减压器或其他附件缺损的氧气瓶

B. 应确保压力容器及其附件合格、完好和有效

C. 使用乙炔气瓶时，无须检查乙炔专用减压器和回火防止器的状态

D. 压力容器及其附件的小型损坏不会影响使用安全

正确答案：B

答案解析：见 GB 55034—2022 3.11.7

38. 依据 GB 55034—2022，普通工进行人工挖扩桩孔井下作业时，应配备(　　)。
A. 高腰工作鞋　　B. 鞋盖　　C. 防尘口罩　　D. 安全绳
正确答案：D
答案解析：见 GB 55034—2022 6.0.7

39. 依据 GB 55034—2022，临时支撑结构安装、使用时，(　　)与起重机械设备、施工脚手架等连接。
A. 不宜　　B. 不应　　C. 不可　　D. 严禁
正确答案：D
答案解析：见 GB 55034—2022 3.5.12

40. 依据 GB 55034—2022，信号指挥工在强光环境条件下作业时，应配备(　　)。
A. 遮阳帽　　B. 遮阳伞　　C. 有色防护眼镜　　D. 信号旗
正确答案：C
答案解析：见 GB 55034—2022 6.0.2

41. 依据 GB 55034—2022，当场地内开挖的槽、坑、沟、池等积水深度超过(　　)时，应采取安全防护措施。
A. 0.4m　　B. 0.5m　　C. 0.6m　　D. 0.7m
正确答案：B
答案解析：见 GB 55034—2022 3.14.1

42. 依据 GB 55034—2022，机械操作人员(　　)超载、超速作业或扩大使用范围。
A. 不宜　　B. 不应　　C. 不可　　D. 严禁
正确答案：D
答案解析：见 GB 55034—2022 3.6.1

43. 依据 GB 55034—2022，手持式灯具应采用供电电压不大于(　　)的安全特低电压（SELV）供电。
A. 32V　　B. 34V　　C. 36V　　D. 38V
正确答案：C
答案解析：见 GB 55034—2022 3.10.4

44. 依据 GB 55034—2022，在基坑工程中，回填作业应在(　　)进行。
A. 结构施工完成，但挡土功能尚未达到设计要求
B. 具有挡土功能的结构强度达到设计要求后

C. 基坑开挖完毕，立即进行回填

D. 建筑物主体结构封顶后，无须考虑挡土结构强度

正确答案：B

答案解析：见 GB 55034—2022　3.5.7

45. 依据 GB 55034—2022，多工种垂直交叉作业存在安全风险时，应在上下层之间设置(　　)。

A. 上料平台　　B. 操作平台　　C. 控制平台　　D. 安全防护设施

正确答案：D

答案解析：见 GB 55034—2022　3.2.2

46. 依据 GB 55034—2022，盾构作业时，(　　)应与地表控制的隆陷值、进出土量及同步注浆等相协调。

A. 盾构设备　　B. 掘进角度　　C. 注浆材料　　D. 掘进速度

正确答案：D

答案解析：见 GB 55034—2022　3.7.2

47. 依据 GB 55034—2022，在施工车辆行驶过程中，为了确保人员安全，应(　　)。

A. 在车辆低速行驶时人员上下　　B. 严禁人员上下

C. 在车辆匀速行驶时人员上下　　D. 抓紧扶手，快速上下

正确答案：B

答案解析：见 GB 55034—2022　3.8.3

48. 依据 GB 55034—2022，电焊工、气割工在进行清除焊渣作业时，应配备(　　)。

A. 防护眼镜　　B. 有色防护眼镜　　C. 口罩　　D. 防尘口罩

正确答案：A

答案解析：见 GB 55034—2022　6.0.4

49. 依据 GB 55034—2022，建筑垃圾应(　　)存放，按时处置。

A. 集中　　B. 分散　　C. 分类　　D. 混合

正确答案：C

答案解析：见 GB 55034—2022　4.0.3

50. 依据 GB 55034—2022，地下工程爆破后，经通风除尘排烟确认井下空气合格后，应等待(　　)后方准许人员进入爆破作业区检查。

A. 10min　　B. 15min　　C. 20min　　D. 30min

正确答案：B

答案解析：见 GB 55034—2022　3.12.4

51. 依据 GB 55034—2022，在暗挖施工中，为了确保工程安全，必须严格执行：(　　)。

A. 根据施工进度调整开挖顺序

B. 允许一定程度的超挖以加快施工进程

C. 当发现支护变形超限时，应立即整修和加固

D. 在开挖过程中，无须实时监测围岩情况

正确答案：C

答案解析：见 GB 55034—2022　3.7.1

52. 依据 GB 55034—2022，在工程结构上进行脚手架搭设、作业平台安装或大型机具设备安装前，必须(　　)，以确保结构安全。

A. 进行专家论证

B. 进行工程结构的承载力和变形验算

C. 进行沉降观测

D. 等待工程结构达到稳定状态

正确答案：B

答案解析：见 GB 55034—2022　3.6.5

53. 依据 GB 55034—2022，关于机械操作装置和仪表的要求，正确的是(　　)。

A. 机械操作装置应尽可能复杂，以提供更多的功能

B. 各种仪表功能无须定期检查，只要设备能运行即可

C. 机械操作装置应灵敏，各种仪表功能应完好，指示装置应醒目、直观、清晰，便于操作人员观察

D. 仪表的指示装置应尽量减少，以免干扰操作人员的视线

正确答案：C

答案解析：见 GB 55034—2022　3.6.2

54. 依据 GB 55034—2022，施工现场和(　　)应设置保障施工人员个人卫生需要的设施。

A. 材料加工区　　B. 作业区　　C. 办公区　　D. 生活区

正确答案：D

答案解析：见 GB 55034—2022　5.0.7

55. 依据 GB 55034—2022，吊装作业时应安排(　　)监护。

A. 安全员　　B. 专人　　C. 施工员　　D. 作业人员

正确答案：B

答案解析：见 GB 55034—2022　3.4.1

56. 依据 GB 55034—2022，拆除作业时，上部结构拆除过程中应保证剩余结构的(　　)。

A. 成型　　B. 稳定　　C. 刚度　　D. 强度

正确答案：B

答案解析：见 GB 55034—2022　3.5.14

57. 依据 GB 55034—2022，塔式起重机安全监控系统应具有(　　)功能。

A. 图像自控　　B. 图像处理　　C. 数据存储　　D. 数据加工

正确答案：C

答案解析：见 GB 55034—2022　3.6.6

58. 依据 GB 55034—2022，在边坡及基坑周边，堆放材料、停放设备设施或使用机械设备时，(　　)。

A. 荷载超过设计要求的地面荷载限值的 10%

B. 荷载严禁超过设计要求的地面荷载限值

C. 荷载大小可根据现场实际情况灵活调整

D. 参考设计要求的地面荷载限值，在实际操作中可以适当放宽

正确答案：B

答案解析：见 GB 55034—2022　3.5.3

59. 依据 GB 55034—2022，夜间施工时，为了确保施工现场安全，下列做法正确的是(　　)。

A. 减少照明设施，节约能源

B. 施工车辆应提高行驶速度，以减少施工时间

C. 施工现场应保障充足的照明，施工车辆应降低行驶速度

D. 只允许手动工具作业，禁止使用机械设备

正确答案：C

答案解析：见 GB 55034—2022　3.8.4

60. 依据 GB 55034—2022，遇雷雨、大雪、浓雾或作业场所(　　)以上大风等恶劣天气时，应停止高处作业。

A. 6 级　　B. 5 级　　C. 4 级　　D. 3 级

正确答案：B

答案解析：见 GB 55034—2022　3.2.6

61. 依据 GB 55034—2022，施工现场应编制噪声污染防治(　　)并积极落实。

A. 专项方案　　B. 实施细则　　C. 工作制度　　D. 工作方案

正确答案：D

答案解析：见 GB 55034—2022　4.0.8

62. 依据 GB 55034—2022，施工现场应设置(　　)及沉淀池，施工污水应经沉淀处理后，方可排入市政污水管网。

A. 集水井　　B. 排水沟　　C. 截水沟　　D. 隔油池

正确答案：B

答案解析：见 GB 55034—2022　4.0.6

63. 依据 GB 55034—2022，施工现场内易产生扬尘的物料应全部(　　)。

A. 裸露　　B. 覆盖　　C. 进行标识　　D. 篷盖

正确答案：D

答案解析：见 GB 55034—2022　4.0.1

64. 依据 GB 55034—2022，在高处安装构件、部件、设施时，应采取(　　)措施。

A. 防雨　　B. 防火　　C. 防坠　　D. 防冰雹

正确答案：C

答案解析：见 GB 55034—2022　3.3.1

65. 依据 GB 55034—2022，土方开挖的顺序、方法应与(　　)相一致，严禁超挖。

A. 现场工况　　B. 施工工艺　　C. 设计工况　　D. 施工工期

正确答案：C

答案解析：见 GB 55034—2022　3.5.1

66. 依据 GB 55034—2022，遇雷雨、大雪、浓雾等恶劣天气时，应(　　)高处作业。

A. 禁止　　B. 停止　　C. 当心　　D. 重视

正确答案：B

答案解析：见 GB 55034—2022　3.2.6

67. 依据 GB 55034—2022，关于临时支撑结构的安装、使用，下列说法正确的是(　　)。

A. 可以与起重机械设备连接以增强稳定性

B. 作业层上的施工荷载可以超过设计允许荷载

C. 使用过程中，可以根据需要拆除部分构配件

D. 严禁与施工脚手架等连接，且施工荷载不得超过设计允许荷载

正确答案：D

答案解析：见 GB 55034—2022　3.5.12

68. 依据 GB 55034—2022，油漆工在进行涂刷、喷漆作业时，应配备(　　)。

A. 紧口工作服　　B. 绝缘鞋　　C. 绝缘手套　　D. 防毒口罩

正确答案：D

答案解析：见 GB 55034—2022　6.0.6

69. 依据 GB 55034—2022，电梯、起重机械安装拆卸工进行安装、拆卸、维修作业时，应配备(　　)。

A. 防静电工作服　　B. 保护足趾安全鞋　　C. 鞋盖　　D. 防护眼镜

正确答案：B

答案解析：见 GB 55034—2022　6.0.11

70. 依据 GB 55034—2022，施工现场应在主要施工部位、作业层面、危险区域以及主要通道口设置(　　)。

A. 质量警示标识　　B. 卫生警示标识

C. 安全警示标识　　D. 职业健康警示标识

正确答案：C

答案解析：见 GB 55034—2022　3.1.2

71. 依据 GB 55034—2022，施工作业平台物料堆放重量不应超过平台的(　　)。

A. 容许承载力　　B. 设计承载力　　C. 施工承载力　　D. 强度

正确答案：A

答案解析：见 GB 55034—2022　3.3.3

72. 依据 GB 55034—2022，爆破作业前应确定爆破警戒(　　)，并应采取相应的警戒措施。

A. 时间　　B. 地点　　C. 范围　　D. 高度

正确答案：C

答案解析：见 GB 55034—2022　3.12.2

73. 依据 GB 55034—2022，施工现场严禁熔融沥青及(　　)各类废弃物。

A. 堆放　　B. 填埋　　C. 焚烧　　D. 买卖

正确答案：C

答案解析：见 GB 55034—2022　4.0.4

74. 依据 GB 55034—2022，在使用有毒物品的作业中，为了确保安全，下列做法正确的是(　　)。

A. 一人负责领取和使用有毒物品，全程独立操作

B. 领取和使用有毒物品时，应实行双人双重责任制，作业中途不得擅离职守

C. 可以随意领取有毒物品，使用完毕后随意放置
D. 有毒物品的领取和使用无须特别管理，按常规化学品处理
正确答案：B
答案解析：见 GB 55034—2022　3.9.1

75. 依据 GB 55034—2022，在坠落高度基准面上方(　　)及以上进行高空或高处作业时，应设置安全防护设施并采取防滑措施。

A. 5m　　B. 4m　　C. 3m　　D. 2m

正确答案：D
答案解析：见 GB 55034—2022　3.2.1

76. 依据 GB 55034—2022，在机械使用中，关于安全防护装置、保险装置和报警装置的管理，下列做法正确的是(　　)。

A. 根据操作便利性，可以适当调整或拆除这些装置
B. 这些装置应定期检查，确保其齐全有效，不得随意更换、调整或拆除
C. 如果这些装置影响了生产效率，可以暂时停用
D. 只需在新设备启用时检查这些装置，之后无须再次检查
正确答案：B
答案解析：见 GB 55034—2022　3.6.3

77. 依据 GB 55034—2022，高压电气作业时，电工应配备(　　)等级的绝缘鞋、绝缘手套和有色防护眼镜。

A. 高　　B. 低　　C. 同等　　D. 相应

正确答案：D
答案解析：见 GB 55034—2022　6.0.3

78. 依据 GB 55034—2022，工程建设所采用的技术方法和措施是否符合本规范要求，由(　　)判定。

A. 政府监管部门　　B. 第三方检测机构　　C. 行业协会　　D. 相关责任主体

正确答案：D
答案解析：见 GB 55034—2022　1.0.4

79. 依据 GB 55034—2022，在进行地下管道、井、池等检查、检修作业时，应配备(　　)。

A. 防尘口罩　　B. 防滑鞋　　C. 防护眼镜　　D. 安全绳

正确答案：B
答案解析：见 GB 55034—2022　6.0.13

80. 建筑与市政工程施工现场安全、环境、卫生与职业健康管理(　　)执行GB 55034—2022。

A. 宜　　B. 可　　C. 必须　　D. 参照

正确答案：C

答案解析：见 GB 55034—2022　1.0.2

81. 依据 GB 55034—2022，在施工车辆运输危险物品时，为了确保道路安全，下列做法正确的是(　　)。

A. 车辆应快速通行，避免在道路上逗留

B. 悬挂警示牌，标明所载物品的危险性质

C. 做好危险物品覆盖

D. 仅在施工区域内悬挂警示牌，进入公共道路后摘除

正确答案：B

答案解析：见 GB 55034—2022　3.8.1

82. 依据 GB 55034—2022，临时支撑结构作业层上的施工荷载不得超过(　　)允许荷载。

A. 材料　　B. 施工　　C. 设计　　D. 支撑

正确答案：C

答案解析：见 GB 55034—2022　3.5.12

83. 依据 GB 55034—2022，现场食堂炊事人员应持有(　　)。

A. 身体健康证　　B. 身份证　　C. 聘用劳动合同　　D. 流动人口暂住证

正确答案：A

答案解析：见 GB 55034—2022　5.0.4

84. 依据 GB 55034—2022，在混凝土施工中，模板和支架应在(　　)。

A. 混凝土浇筑完毕后立即拆除

B. 混凝土初凝后即可拆除

C. 混凝土强度达到设计要求的 50%时拆除

D. 混凝土强度达到规定要求后方可拆除

正确答案：D

答案解析：见 GB 55034—2022　3.5.10

85. 依据 GB 55034—2022，冬期施工期间或作业环境温度较低时，应为作业人员配备(　　)防护用品。

A. 防寒类　　B. 防冻类　　C. 防潮类　　D. 防雨类

正确答案：A

答案解析：见 GB 55034—2022　6.0.13

86. 依据 GB 55034—2022，当电气设备发生故障需要检修时，下列操作流程正确的是(　　)。

A. 采取一定技术措施，可以带电检修

B. 使用验电器检验，确认断电后方可检修，并在控制开关明显部位悬挂“禁止合闸、有人工作”停电标识牌

C. 线路和设备作业实行预约停送电

D. 停送电操作应由安全员执行

正确答案：B

答案解析：见 GB 55034—2022　3.10.5

87. 依据 GB 55034—2022，设备、管道内部涂装和衬里作业时，可燃性气体、蒸汽、粉尘浓度应控制在可燃烧极限和爆炸下限的(　　)以下。

A. 6%　　B. 8%　　C. 10%　　D. 12%

正确答案：C

答案解析：见 GB 55034—2022　3.11.5

88. 依据 GB 55034—2022，在施工用电管理中，关于发电机组电源的使用，下列表述正确的是(　　)。

A. 发电机组电源与其他电源实行并列运行，以增加供电可靠性

B. 发电机组电源应与其他电源互相闭锁，严禁并列运行

C. 发电机组电源与其他电源严禁互相闭锁

D. 发电机组电源与其他电源可以串并联运行

正确答案：B

答案解析：见 GB 55034—2022　3.10.2

89. 依据 GB 55034—2022，吊装重量不应超过起重设备的(　　)。

A. 设计起重量　　B. 施工起重量　　C. 承载力　　D. 额定起重量

正确答案：D

答案解析：见 GB 55034—2022　3.4.3

90. 依据 GB 55034—2022，(　　)在未固定、无防护设施的构件及管道上进行作业或通行。

A. 不宜　　B. 不应　　C. 不可　　D. 严禁

正确答案：D

答案解析：见 GB 55034—2022　3.2.4

91. 依据 GB 55034—2022，关于施工现场的特殊场所照明变压器的选用，下列表述正确的是(　　)。

A. 采用自耦变压器以提高能效

B. 使用双绕组型安全隔离变压器

C. 安全隔离变压器应带入金属容器内使用

D. 安全隔离变压器应带入金属管道内使用

正确答案：B

答案解析：见 GB 55034—2022　3.10.4

92. 依据 GB 55034—2022，施工升降设备的行程限位开关(　　)作为停止运行的控制开关。

A. 严禁　　B. 同时　　C. 应当　　D. 宜

正确答案：A

答案解析：见 GB 55034—2022　3.4.5

93. 依据 GB 55034—2022，为防止机械伤害，机械作业应设置(　　)。

A. 防护蓬　　B. 安全区域　　C. 安全网　　D. 安全带

正确答案：B

答案解析：见 GB 55034—2022　3.6.4

94. 依据 GB 55034—2022，钢板桩或钢管桩围堰施工前，其锁口应采取(　　)措施。

A. 加强　　B. 加固　　C. 阻水　　D. 止水

正确答案：D

答案解析：见 GB 55034—2022　3.13.3

95. 依据 GB 55034—2022，办公区和生活区应设置(　　)的生活垃圾箱。

A. 固定　　B. 移动　　C. 开口　　D. 封闭

正确答案：D

答案解析：见 GB 55034—2022　5.0.11

96. 依据 GB 55034—2022，在塔式起重机的安全设计中，当存在运行危险趋势时，下列叙述正确的是(　　)。

A. 控制回路电源手动关闭　　B. 控制回路电源自动切断

C. 继续运行，同时发出警告信号　　D. 减速运行，直到危险解除

正确答案：B

答案解析：见 GB 55034—2022　3.6.6

97. 依据 GB 55034—2022，当场地内开挖的槽、坑、沟、池等积水深度超过(　　)时，应采取安全防护措施。

A. 0.5m　　B. 0.6m　　C. 0.7m　　D. 0.8m

正确答案：A

答案解析：见 GB 55034—2022　3.14.1

98. 依据 GB 55034—2022，在现场出口处施工运输车辆(　　)和车轮全部冲洗干净后方可驶离施工现场。

A. 车厢　　B. 底盘　　C. 车牌　　D. 车窗

正确答案：B

答案解析：见 GB 55034—2022　4.0.2

99. 依据 GB 55034—2022，安全通道上方的防护设施应具备抗高处坠物(　　)的性能。

A. 穿透　　B. 强度　　C. 刚度　　D. 承载力

正确答案：A

答案解析：见 GB 55034—2022　3.3.4

100. 依据 GB 55034—2022，在管道、容器内进行焊接作业时，为确保作业人员安全，必须执行的是(　　)。

A. 无须采取任何特殊措施，直接开始焊接作业

B. 仅需确保焊接设备处于良好状态，无须考虑其他因素

C. 采取可靠的绝缘或接地措施，并保障通风

D. 只需在作业前后进行通风，作业过程中无须持续通风

正确答案：C

答案解析：见 GB 55034—2022　3.10.6

101. 依据 GB 55034—2022，进行淋灰、筛灰作业时，(　　)不符合普通工的劳动防护用品配备规定。

A. 安全鞋　　B. 鞋盖　　C. 手套　　D. 防尘口罩

正确答案：A

答案解析：见 GB 55034—2022　6.0.7

102. 依据 GB 55034—2022，进场材料应具备(　　)。

A. 生产许可证　　B. 安全证明文件　　C. 卫生证明文件　　D. 质量证明文件

正确答案：D

答案解析：见 GB 55034—2022　2.0.6

103. 依据 GB 55034—2022，严禁将危险废物纳入建筑垃圾(　　)。

A. 填埋场　　B. 堆放点　　C. 回收站　　D. 焚烧场

正确答案：A

答案解析：

104. 依据 GB 55034—2022，饮用水系统与非饮用水系统之间(　　)存在直接或间接连接。

A. 可以　　B. 严禁　　C. 不宜　　D. 不得

正确答案：D

答案解析：见 GB 55034—2022　5.0.2

105. 依据 GB 55034—2022，在进行磨削钨极作业时，(　　)不符合电焊工、气割工的劳动防护用品配备规定。

A. 绝缘鞋　　B. 手套　　C. 隔热口罩　　D. 防护眼镜

正确答案：C

答案解析：见 GB 55034—2022　6.0.4

106. 依据 GB 55034—2022，带电作业时，作业人员应采取(　　)的安全措施。

A. 防火　　B. 防雷　　C. 防灼烫　　D. 防雨

正确答案：C

答案解析：见 GB 55034—2022　3.15.2

107. 依据 GB 55034—2022，模板及支架应根据(　　)进行设计。

A. 工艺　　B. 材料　　C. 环境　　D. 施工工况

正确答案：D

答案解析：见 GB 55034—2022　3.5.9

108. 依据 GB 55034—2022，在盾构作业中，确保掘进速度与地表控制的隆陷值、进出土量及同步注浆等相协调的主要目的是(　　)。

A. 加快施工进度，缩短工期

B. 减少施工成本，提高经济效益

C. 确保施工安全，控制地表沉降，保护周边环境

D. 便于施工人员轮班作业，提高工作效率

正确答案：C

答案解析：见 GB 55034—2022　3.7.2

109. 依据 GB 55034—2022，防水工在进行沥青熔化、运送作业时，应配备(　　)。

A. 防静电工作服　B. 防静电鞋　C. 防护手套　D. 防毒口罩

正确答案：D

答案解析：见 GB 55034—2022　6.0.9

110. 依据 GB 55034—2022，施工现场应在安全位置设置(　　)。

A. 考勤点　B. 临时休息点　C. 安全教育点　D. 材料堆放点

正确答案：B

答案解析：见 GB 55034—2022　4.0.9

111. 依据 GB 55034—2022，施工现场应选择满足(　　)标准的食品。

A. 健康　B. 营养　C. 安全卫生　D. 绿色

正确答案：C

答案解析：见 GB 55034—2022　5.0.5

112. 依据 GB 55034—2022，土方开挖工程应遵循(　　)。

A. 根据现场情况自行决定开挖顺序和方法

B. 土方开挖的顺序、方法应与设计工况相一致

C. 可以先大面积超挖后再进行回填

D. 开挖深度应超过设计要求以确保地基稳固

正确答案：B

答案解析：见 GB 55034—2022　3.5.1

113. 依据 GB 55034—2022，施工现场生活区宿舍、休息室应根据人数合理确定使用面积、布置空间格局，且应设置足够的(　　)、采光、照明设施。

A. 空调　B. 通风　C. 排烟　D. 洗浴

正确答案：B

答案解析：见 GB 55034—2022　5.0.8

114. 依据 GB 55034—2022，应为从事(　　)等方面工作的作业人员，建立、健全职业卫生档案和健康监护档案，定期提供医疗咨询服务。

A. 起重　B. 焊接　C. 防水　D. 放射性

正确答案：D

答案解析：见 GB 55034—2022　6.0.1

115. 依据 GB 55034—2022，工程项目应根据工程特点制定各项安全生产管理制度，建立健全(　　)。

A. 质量管理体系　B. 安全生产管理体系

C. 卫生管理体系　D. 职业健康管理体系

正确答案：B

答案解析：见 GB 55034—2022　3.1.1

116. 依据 GB 55034—2022，为了确保车辆行驶安全，施工现场应做到(　　)。

A. 设置高音喇叭提醒行人注意车辆

B. 在特殊路段设置反光柱、爆闪灯、转角灯等安全设施

C. 允许车辆随意停放以方便施工人员上下车

D. 取消施工现场限速，提高运输效率

正确答案：B

答案解析：见 GB 55034—2022　3.8.2

117. 依据 GB 55034—2022，在安装输送臭氧、氧气的管道及附件前，必须进行(　　)预处理。

A. 仅进行简单的清洁处理　　B. 进行除锈、吹扫、脱脂处理

C. 直接安装，无须任何预处理　　D. 仅进行吹扫处理，无须除锈和脱脂

正确答案：B

答案解析：见 GB 55034—2022　3.11.6

118. 依据 GB 55034—2022，工程建设所采用的创新性技术方法和措施，应进行(　　)。

A. 论证　　B. 评估　　C. 评价　　D. 咨询

正确答案：A

答案解析：见 GB 55034—2022　1.0.4

119. 依据 GB 55034—2022，施工现场应配备充足有效的医疗和急救用品，且应保障在需要时(　　)取用。

A. 方便　　B. 及时　　C. 应急　　D. 满足

正确答案：A

答案解析：见 GB 55034—2022　5.0.12

120. 依据 GB 55034—2022，(　　)不符合锅炉、压力容器及管道安装工的劳动防护用品配备规定。

A. 松口工作工作服　B. 有色防护眼镜　　C. 绝缘鞋　　D. 绝缘手套

正确答案：A

答案解析：见 GB 55034—2022　6.0.5

121. 依据 GB 55034—2022，进行人工挖孔桩孔井下作业时，应配备雨靴、手套和(　　)。

A. 口罩　　B. 防护眼镜　　C. 安全绳　　D. 防毒面具

正确答案：C

答案解析：见 GB 55034—2022　6.0.7

122. 依据 GB 55034—2022，领取和使用有毒物品时，应实行(　　)责任制，作业中途不得擅离职守。

A. 领用人　　B. 使用人　　C. 领用人、使用人　　D. 双人双重

正确答案：D

答案解析：见 GB 55034—2022　3.9.1

123. 依据 GB 55034—2022，边坡和基坑开挖作业过程中，应根据设计和施工方案进行(　　)。

A. 检验　　B. 监控　　C. 监测　　D. 测量

正确答案：C

答案解析：见 GB 55034—2022　3.5.4

124. 依据 GB 55034—2022，预应力结构张拉、拆除时，预应力端头应采取防护措施，其(　　)不应有施工作业人员。

A. 上方　　B. 下方　　C. 轴线方向　　D. 旁边

正确答案：C

答案解析：见 GB 55034—2022　3.3.5

125. 依据 GB 55034—2022，工程项目应根据工程特点及环境条件，编制(　　)并制定相应的预防和控制措施。

A. 安全分析报告　　B. 风险分析报告　　C. 危险源清单　　D. 重大危险源清单

正确答案：D

答案解析：见 GB 55034—2022　2.0.2

126. 依据 GB 55034—2022，施工现场材料加工区地面应全部进行(　　)处理。

A. 固化　　B. 硬化　　C. 绿化　　D. 篷盖

正确答案：B

答案解析：见 GB 55034—2022　4.0.1

127. 依据 GB 55034—2022，施工现场食堂应制定(　　)制度并严格执行。

A. 食品采购　　B. 食品检验　　C. 食品留样　　D. 食品试用

正确答案：C

答案解析：见 GB 55034—2022　5.0.3

128. 依据 GB 55034—2022，架子工、塔式起重机操作人员应配备灵便紧口的工作服，系带(　　)和工作手套。

A. 防滑鞋　　B. 绝缘鞋　　C. 防护眼镜　　D. 防护面罩

正确答案：A

答案解析：见 GB 55034—2022　6.0.2

129. 依据 GB 55034—2022，施工场地内的施工运输车辆在出口处需将(　　)全部冲洗干净后方可驶离施工现场。

A. 底盘　　B. 车轮　　C. 车牌　　D. 底盘和车轮

正确答案：D

答案解析：见 GB 55034—2022　4.0.2

130. 依据 GB 55034—2022，房屋建筑工程施工现场生活区应进行围挡，实行封闭式管理，围挡高度不应低于(　　)。

A. 1.6m　　B. 1.8m　　C. 2.0m　　D. 2.2m

正确答案：B

答案解析：见 GB 55034—2022　2.0.4

131. 依据 GB 55034—2022，暗挖施工应合理规划开挖顺序，(　　)超挖，并应及时采取有效支护，当发现支护变形超限或损坏时，应及时整修和加固。

A. 不宜　　B. 不可　　C. 不应　　D. 严禁

正确答案：D

答案解析：见 GB 55034—2022　3.7.1

132. 依据 GB 55034—2022，当管道强度试验和严密性试验中发现缺陷时，应待试验压力降至(　　)后进行处理，处理合格后应重新进行试验。

A. 管道抗压强度设计值　　B. 管道抗压强度标准值

C. 大气压　　D. 管道抗压强度极限值

正确答案：C

答案解析：见 GB 55034—2022　3.11.4

133. 依据 GB 55034—2022，建筑与市政工程施工现场各类设施、设备应具备(　　)或其他质量证明文件。

A. 制造许可证　　B. 安全证明文件　　C. 卫生证明文件　　D. 环保证明文件

正确答案：A

答案解析：见 GB 55034—2022　2.0.7

134. 依据 GB 55034—2022，水上或水下作业人员，应正确佩戴(　　)设施。

A. 防滑鞋　B. 防护手套　C. 救生　D. 氧气罐

正确答案：C

答案解析：见 GB 55034—2022　3.14.2

135. 依据 GB 55034—2022，办公区和生活区应设置封闭的生活垃圾箱。生活垃圾应(　　)投放，并及时清运。

A. 集中　B. 分类　C. 就近　D. 按需

正确答案：B

答案解析：见 GB 55034—2022　5.0.11

136. 依据 GB 55034—2022，电焊工在密闭环境或通风不良的情况下作业，应配备(　　)。

A. 防毒面罩　B. 送风式防护面罩　C. 防尘面罩　D. 防静电面罩

正确答案：B

答案解析：见 GB 55034—2022　6.0.4

137. 依据 GB 55034—2022，在上下层之间未设置安全防护措施，存在安全风险时，多层垂直作业(　　)进行。

A. 不宜　B. 不应　C. 不可　D. 严禁

正确答案：D

答案解析：见 GB 55034—2022　3.2.2

138. 依据 GB 55034—2022，露天浅孔爆破实施后，当确认无盲炮时，应(　　)准许人员进入爆破作业区检查。

A. 等待 5min 后　B. 等待 10min 后　C. 等待 15min 后　D. 可以

正确答案：A

答案解析：见 GB 55034—2022　3.12.4

139. 依据 GB 55034—2022，土石围堰施工前，围堰外侧迎水面应采取(　　)措施。

A. 止水　B. 防冲刷　C. 安全防护　D. 混凝土护坡

正确答案：B

答案解析：见 GB 55034—2022　3.13.3

140. 依据 GB 55034—2022，施工用电发电机组电源与其他电源，(　　)并列运行。

A. 可以　B. 不宜　C. 不应　D. 严禁

正确答案：D

答案解析：见 GB 55034—2022　3.10.2

141. 依据 GB 55034—2022，应为从事(　　)工作的作业人员，建立、健全职业卫生档案和健康监护档案，定期提供医疗咨询服务。

A. 起重吊装　B. 高危粉尘　C. 高压电气　D. 电焊、气割

正确答案：B

答案解析：见 GB 55034—2022　6.0.1

142. 依据 GB 55034—2022，下列叙述不符合建筑与市政施工现场环境管理要求规定的是(　　)。

A. 建筑垃圾应分类存放　B. 施工场地定期洒水抑尘

C. 施工区域严禁吸烟　D. 施工现场燃烧废弃物

正确答案：D

答案解析：见 GB 55034—2022　4.0.2、4.0.3、4.0.4 及 4.0.9

143. 依据 GB 55034—2022，暗挖施工应合理规划开挖顺序，严禁超挖，并应及时采取有效支护，当发现支护变形超限或损坏时，应立即(　　)。

A. 整修　B. 加固　C. 整修和加固　D. 重新支护

正确答案：C

答案解析：见 GB 55034—2022　3.7.1

144. 依据 GB 55034—2022，办公区和生活区应定期消毒，当遇突发疫情时，应(　　)，并应按卫生防疫部门相关规定进行处理。

A. 及时上报　B. 及时疏散　C. 及时就医　D. 及时调查

正确答案：A

答案解析：见 GB 55034—2022　5.0.10

145. 依据 GB 55034—2022，建筑与市政工程施工现场吊装作业(　　)斜拉。

A. 不宜　B. 不应　C. 不可　D. 严禁

正确答案：D

答案解析：见 GB 55034—2022　3.4.3

二、多选题

1. 依据 GB 55034—2022，施工现场应编制噪声污染防治工作方案并积极落实，并应采取有效的(　　)等，减少噪声排放，降低噪声影响。

A. 检查措施　B. 隔声降噪设备　C. 奖惩制度　D. 施工工艺

E. 隔声降噪设施

正确答案：BDE

答案解析：见 GB 55034—2022　4.0.8

2. 依据 GB 55034—2022，高处作业人员应正确佩戴(　　)等劳动防护用品。

A. 安全帽　　B. 安全带　　C. 防护服　　D. 手套

E. 护目镜

正确答案：AB

答案解析：见 GB 55034—2022　3.2.1

3. 依据 GB 55034—2022，柴油、汽油、氧气瓶、乙炔气瓶、煤气罐等易燃、易爆液体或气体容器，应做到(　　)。

A. 轻拿轻放　　B. 严禁暴力抛掷

C. 设置专门存储场所　　D. 严禁存放在住人用房

E. 保障通风

正确答案：ABCD

答案解析：见 GB 55034—2022　3.11.1

4. 依据 GB 55034—2022，模板及支架应满足(　　)要求。

A. 耐腐蚀　　B. 承载力　　C. 刚度　　D. 稳定性

E. 抗冲击

正确答案：BCD

答案解析：见 GB 55034—2022　3.5.9

5. 依据 GB 55034—2022，在实施爆破作业时，确保安全起爆的步骤包括(　　)。

A. 爆破作业人员根据工程量装药量

B. 按设计药量进行装药，确保药量准确

C. 网路敷设后直接起爆

D. 网路敷设后应进行起爆网路检查，确保网路连接正确

E. 起爆信号发出后，现场指挥应再次确认达到安全起爆条件，然后下令起爆

正确答案：BDE

答案解析：见 GB 55034—2022　3.12.3

6. 依据 GB 55034—2022，塔式起重机安全监控系统应具有数据存储功能，其监视内容应包含(　　)。

A. 天气预报　　B. 起重力矩　　C. 起升高度　　D. 幅度和回转角度

E. 运行行程

正确答案：BCDE

答案解析：见 GB 55034—2022　3.6.6

7. 依据 GB 55034—2022，施工现场内裸露的场地和集中堆放的土方应采取(　　)等防尘措施。

A. 篷盖　　B. 覆盖　　C. 硬化　　D. 固化

E. 绿化

正确答案：BDE

答案解析：见 GB 55034—2022　4.0.1

8. 依据 GB 55034—2022，维修电工应配备(　　)。

A. 绝缘鞋　　B. 绝缘手套　　C. 防静电工作服　　D. 防尘口罩

E. 防护眼镜

正确答案：AB

答案解析：见 GB 55034—2022　6.0.3

9. 依据 GB 55034—2022，在(　　)情况下，严禁进行爆破作业。

A. 恶劣天气条件下

B. 爆破可能导致不稳定边坡、滑坡、崩塌等危险

C. 爆破可能危及建（构）筑物、公共设施或人员的安全

D. 危险区边界已经设好警戒，且所有人员已撤离

E. 危险区边界未设警戒的

正确答案：ABCE

答案解析：见 GB 55034—2022　3.12.5

10. 依据 GB 55034—2022，(　　)地面应全部进行硬化处理。

A. 主要通道　　B. 进出道路　　C. 材料堆放场　　D. 材料加工区

E. 办公生活区

正确答案：ABDE

答案解析：见 GB 55034—2022　4.0.1

11. 依据 GB 55034—2022，应根据各工种的(　　)等为作业人员配备安全有效的劳动防护用品。

A. 作业条件　　B. 劳动环境　　C. 工程特点　　D. 身体状况

E. 工作需要

正确答案：AB

答案解析：见 GB 55034—2022　2.0.5

12. 依据 GB 55034—2022，在电气设备的接地保护中，严禁(　　)。

A. 利用输送可燃液体的金属管道作为电气设备的保护接地导体

B. 使用专门的接地导体进行电气设备的接地保护
C. 利用输送可燃气体的金属管道作为电气设备的保护接地导体
D. 采用独立的接地极作为电气设备的保护接地
E. 利用输送爆炸性气体的金属管道作为电气设备的保护接地导体
正确答案：ACE
答案解析：见 GB 55034—2022　3.11.2

13. 依据 GB 55034—2022，建筑与市政工程施工应符合国家施工现场安全、(　　)等方面的政策，实现人身健康和生命财产安全、生态环境安全。
A. 防灾减灾　　B. 应急管理　　C. 卫生及职业健康　D. 环保
E. 规模
正确答案：ABCD
答案解析：见 GB 55034—2022　1.0.3

14. 依据 GB 55034—2022，爆破作业前应(　　)。
A. 对爆破区周围的自然条件和环境状况调查
B. 了解危及安全的不利环境因素
C. 采取必要的安全防范措施
D. 编制爆破作业指导书
E. 采购爆破施工材料
正确答案：ABC
答案解析：见 GB 55034—2022　3.12.1

15. 依据 GB 55034—2022，回填土应控制土料(　　)等参数。
A. 含水率　　B. 分层压实厚度　　C. 密度　　D. 孔隙比
E. 抗冻性
正确答案：AB
答案解析：见 GB 55034—2022　3.5.8

16. 依据 GB 55034—2022，对承压作业时的管道、容器，严禁(　　)。
A. 堆土　　B. 敲击　　C. 切割　　D. 焊接
E. 负载
正确答案：CD
答案解析：见 GB 55034—2022　3.11.8

17. 依据 GB 55034—2022，下列关于施工现场配电线路布置的表述正确的有(　　)。
A. 线缆应直接埋设

B. 线缆敷设应采取有效保护措施，防止对线路的导体造成机械损伤和介质腐蚀

C. 电缆中应包含全部工作芯线、中性导体（N）及保护接地导体（PE）或保护中性导体（PEN）

D. 保护接地导体（PE）及保护中性导体（PEN）外绝缘层应为黄绿双色，中性导体（N）外绝缘层应为淡蓝色

E. 不同功能导体外绝缘色不应混用

正确答案：BCDE

答案解析：见 GB 55034—2022　3.10.3

18. 依据 GB 55034—2022，在基坑施工过程中，遇到(　　)时，应立即采取处理措施，确保安全后方可继续施工。

A. 支护结构或周边建筑物的变形值超过设计变形控制值

B. 基坑侧壁出现轻微渗水

C. 基坑侧壁出现大量漏水、流土，或基坑底部出现管涌

D. 桩间土流失孔洞深度超过桩径

E. 施工现场天气转阴

正确答案：ACD

答案解析：见 GB 55034—2022　3.5.5

19. 依据 GB 55034—2022，关于室内装修和建筑外墙清洗作业，正确做法有(　　)。

A. 使用苯、工业苯、石油苯、重质苯及混苯作为稀释剂和溶剂

B. 严禁使用苯、工业苯、石油苯、重质苯及混苯作为稀释剂和溶剂

C. 使用有机溶剂清洗施工用具

D. 严禁使用有机溶剂清洗施工用具

E. 不得采用强酸强碱清洗剂及有毒有害化学品清洗建筑外墙

正确答案：BDE

答案解析：见 GB 55034—2022　3.9.4

20. 依据 GB 55034—2022，关于施工现场用电安全的保护接地与防雷接地，正确做法有(　　)。

A. 保护接地导体（PE）、接地导体和保护联结导体应确保自身可靠连接

B. 共用接地装置的电阻值应满足各种接地的最大电阻值的要求

C. 采用剩余电流动作保护电器时可不再装设保护接地导体（PE）

D. 采用剩余电流动作保护电器时应装设保护接地导体（PE）

E. 共用接地装置的电阻值应满足各种接地的最小电阻值的要求

正确答案：ADE

答案解析：见 GB 55034—2022　3.10.1

21. 依据 GB 55034—2022，在(　　)建筑垃圾时应采取封闭措施或其他防护措施。

A. 产生　　B. 收集　　C. 运输　　D. 装卸

E. 处理

正确答案：BCD

答案解析：见 GB 55034—2022　4.0.3

22. 依据 GB 55034—2022，在受限或密闭空间作业前，气体检测的顺序和要求包括(　　)。

A. 按照氧气、可燃性气体、有毒有害气体的顺序进行气体检测

B. 按照有毒有害气体、氧气、可燃性气体的顺序进行气体检测

C. 按照可燃性气体、有毒有害气体、氧气的顺序进行气体检测

D. 当气体浓度超过安全允许值时，严禁作业

E. 气体浓度超过安全允许值时，佩戴防毒面具后可继续作业

正确答案：AD

答案解析：见 GB 55034—2022　3.9.3

23. 依据 GB 55034—2022，工程结构上搭设脚手架时，应进行工程结构(　　)等验算，并应在工程结构性能达到要求后进行搭设、安装。

A. 强度　　B. 刚度　　C. 承载力　　D. 变形

E. 稳定性

正确答案：CD

答案解析：见 GB 55034—2022　3.6.5

24. 依据 GB 55034—2022，在盾构掘进过程中，遇到(　　)时，应立即停止掘进，分析原因并采取相应措施。

A. 盾构前方地层发生坍塌或遇有障碍　　B. 盾构自转角度超出允许范围

C. 盾构位置偏离超出允许范围　　D. 盾构推力增大但未超出预计范围

E. 管片防水、运输及注浆等过程发生故障

正确答案：ABCE

答案解析：见 GB 55034—2022　3.7.3

25. 依据 GB 55034—2022，进场材料的品种、规格、性能等应满足(　　)要求。

A. 使用　　B. 健康　　C. 安全　　D. 卫生

E. 强度

正确答案：ACD

答案解析：见 GB 55034—2022　2.0.6

26. 依据 GB 55034—2022，边坡及基坑开挖作业过程中，应根据(　　)进行监测。
A. 设计　　B. 施工方案　　C. 工程地质　　D. 边坡质量
E. 地下水位
正确答案：AB
答案解析：见 GB 55034—2022　3.5.4

27. 依据 GB 55034—2022，输送管道进行强度和严密性试验时，严禁使用(　　)进行试验。
A. 可燃气体　　B. 氮气　　C. 氧气　　D. 空气
E. 氦气
正确答案：AC
答案解析：见 GB 55034—2022　3.11.3

28. 依据 GB 55034—2022，在噪声环境下工作的人员应配备(　　)。
A. 密闭式面具　　B. 耳塞　　C. 耳罩　　D. 防噪声帽
E. 信号棒
正确答案：BCD
答案解析：见 GB 55034—2022　6.0.13

29. 依据 GB 55034—2022，办公区和生活区应采取(　　)及灭其他害虫的措施。
A. 灭鼠　　B. 灭瓢虫　　C. 灭蚊蝇　　D. 灭蚯蚓
E. 灭蟑螂
正确答案：ACE
答案解析：见 GB 55034—2022　5.0.9

30. 依据 GB 55034—2022，防水工进行涂刷作业时，应配备(　　)。
A. 紧口工作服　　B. 绝缘鞋　　C. 防护手套　　D. 防毒口罩
E. 防护眼镜
正确答案：CDE
答案解析：见 GB 55034—2022　6.0.9

31. 依据 GB 55034—2022，盾构机气压作业前，应通过(　　)确定开挖仓内气压。
A. 设计　　B. 施工　　C. 计算　　D. 试验
E. 评估
正确答案：CD
答案解析：见 GB 55034—2022　3.13.2

32. 依据 GB 55034—2022，工程项目应根据工程特点及环境条件进行(　　)，编制重大危险源清单并制定相应的预防和控制措施。

A. 风险分析　　B. 风险识别　　C. 安全分析　　D. 危险源辨识

E. 风险评价

正确答案：CDE

答案解析：见 GB 55034—2022　2.0.2

33. 依据 GB 55034—2022，各类操作平台、载人装置应安全可靠，周边应设置临边防护，并应具有足够的(　　)，施工作业荷载严禁超过其设计荷载。

A. 强度　　B. 刚度　　C. 硬度　　D. 抗腐蚀性

E. 稳定性

正确答案：ABE

答案解析：见 GB 55034—2022　3.2.5

34. GB 55034—2022 编制目的：在建筑与市政工程施工中保障(　　)，满足经济社会管理基本需要。

A. 人身健康　　B. 生命财产安全　　C. 生态环境安全　　D. 施工安全

E. 工程质量

正确答案：ABC

答案解析：见 GB 55034—2022　1.0.1

35. 依据 GB 55034—2022，在顶进作业前及施工过程中，为确保既有线路安全和施工顺利进行，应采取的措施有(　　)。

A. 对施工范围内的既有线路进行加固

B. 施工过程中应边顶进边加固

C. 实时观测、记录、分析和控制既有线路、顶力体系和后背

D. 记录并分析观测数据，控制施工参数

E. 当发现变形和位移超限时，应立即进行调整

正确答案：ACDE

答案解析：见 GB 55034—2022　3.7.4

36. 依据 GB 55034—2022，围堰施工前及施工过程中，应做到(　　)。

A. 钢板桩或钢管桩围堰锁口应采取止水措施

B. 土石围堰背水面应采取防冲刷措施

C. 围堰施工前应做好防水

D. 围堰施工过程中应监测水位变化，围堰内外水头差满足安全要求

E. 土石围堰锁口的止水措施，视具体情况而定

正确答案：AD

答案解析：见 GB 55034—2022　3.13.3

37. 依据 GB 55034—2022，油漆工在进行涂刷、喷漆作业时，应配备(　　)。

A. 防静电工作服　B. 防静电鞋　C. 鞋盖　D. 防静电手套

E. 防尘口罩

正确答案：ABD

答案解析：见 GB 55034—2022　6.0.6

38. 依据 GB 55034—2022，工程项目专项施工方案和应急预案应根据(　　)制定。

A. 工程规模　B. 工程类型　C. 环境地质条件　D. 工程实践

E. 工程进度

正确答案：BCD

答案解析：见 GB 55034—2022　2.0.1

39. 依据 GB 55034—2022，暗挖施工应合理规划开挖顺序，严禁超挖，并应根据(　　)及时采取有效支护。

A. 围岩情况　B. 施工方法　C. 天气情况　D. 施工机具

E. 施工材料

正确答案：AB

答案解析：见 GB 55034—2022　3.7.1

40. 依据 GB 55034—2022，钳工、铆工、通风工在进行剔凿作业时，应配备(　　)。

A. 防静电工作服　B. 手套　C. 防滑鞋　D. 防尘口罩

E. 防护眼镜

正确答案：BE

答案解析：见 GB 55034—2022　6.0.10

41. 依据 GB 55034—2022，施工现场食堂应设置独立的(　　)，配备必要的排风和冷藏设施。

A. 办公室　B. 卫生间　C. 制作间　D. 售卖间

E. 储藏间

正确答案：CE

答案解析：见 GB 55034—2022　5.0.3

42. 依据 GB 55034—2022，模板及支架应根据施工工况进行设计，并应满足(　　)要求。

A. 质量　B. 安全　C. 承载力　D. 刚度

E. 稳定性

正确答案：CDE

答案解析：见 GB 55034—2022　3.5.9

43. 依据 GB 55034—2022，施工现场应合理设置安全生产宣传(　　)。

A. 讲坛　　B. 标语　　C. 标牌　　D. 教育

E. 交底

正确答案：BC

答案解析：见 GB 55034—2022　3.1.2

44. 依据 GB 55034—2022，在进行电气设备检修或线路维修时，为确保作业安全，应采取的措施有(　　)。

A. 在锁具或其箱门、墙壁等醒目位置设置警示标识牌

B. 切断并隔离相关配电回路及设备的电源

C. 无须确认电源已被切断，直接开始作业

D. 应检验、确认电源被切除

E. 对应配电间的门、配电箱或切断电源的开关上锁

正确答案：ABDE

答案解析：见 GB 55034—2022　3.10.5

45. 依据 GB 55034—2022，建筑与市政工程施工应符合国家施工现场(　　)及职业健康等方面的政策。

A. 安全　　B. 环保　　C. 防灾减灾　　D. 应急管理

E. 卫生

正确答案：ABCDE

答案解析：见 GB 55034—2022　1.0.3

46. 依据 GB 55034—2022，施工现场厕所粪便严禁直接排入(　　)。

A. 排水管网　　B. 雨水管网　　C. 化粪池　　D. 河道

E. 水沟

正确答案：BDE

答案解析：见 GB 55034—2022　5.0.6

47. 依据 GB 55034—2022，有下列(　　)情况之一时，严禁进行爆破作业。

A. 爆破可能导致不稳定边坡、滑坡、崩塌等危险

B. 爆破可能危及建（构）筑物、公共设施

C. 危险区边界未设置警戒线

D. 恶劣天气条件下

E. 爆破可能危及人员安全

正确答案：ABCDE

答案解析：见 GB 55034—2022　3.12.5

48. 依据 GB 55034—2022，施工现场应在(　　)设置安全警示标识。

A. 主要施工部位　B. 施工单位办公　C. 作业层面　D. 危险区域

E. 主要通道口

正确答案：ACDE

答案解析：见 GB 55034—2022　3.1.2

49. 依据 GB 55034—2022，施工现场生活区围挡应采用(　　)的定型材料。

A. 耐腐蚀　B. 可循环　C. 可拆卸　D. 标准化

E. 抗冲击

正确答案：BCD

答案解析：见 GB 55034—2022　2.0.4

50. 依据 GB 55034—2022，电梯、起重机械安装拆卸工进行安装、拆卸、维修作业时，应配备(　　)。

A. 紧口工作服　B. 防滑鞋　C. 手套　D. 防护眼镜

E. 安全绳

正确答案：AC

答案解析：见 GB 55034—2022　6.0.11

51. 依据 GB 55034—2022，在进行爆破作业前，为了确保作业安全，应采取的措施有(　　)。

A. 对爆区周围的自然条件和环境状况进行详细调查

B. 对爆区周围的历史文化背景进行详细调查

C. 了解危及安全的不利环境因素

D. 对爆破能力进行评判

E. 根据调查结果，采取必要的安全防范措施

正确答案：ACE

答案解析：见 GB 55034—2022　3.12.1

52. 依据 GB 55034—2022，边坡坡顶、基坑顶部及底部应采取(　　)措施。

A. 防水　B. 截水　C. 排水　D. 降水

E. 集水

正确答案：BC

答案解析：见 GB 55034—2022　3.5.2

53. 依据 GB 55034—2022，工程项目应根据(　　)进行安全分析、危险源辨识和风险评价。

A. 工程特点　　B. 业主要求　　C. 环境条件　　D. 建筑意图

E. 工程实践

正确答案：AC

答案解析：见 GB 55034—2022　2.0.2

54. 依据 GB 55034—2022，地下施工作业穿越富水地层、岩溶发育地质、采空区以及其他可能引发透水事故的施工环境时，应制定相应的(　　)措施。

A. 防水　　B. 排水　　C. 降水　　D. 堵水

E. 截水

正确答案：ABCDE

答案解析：见 GB 55034—2022　3.13.1

55. 依据 GB 55034—2022，输送臭氧、氧气的管道在安装前应进行(　　)。

A. 除锈　　B. 吹扫　　C. 脱脂　　D. 标识

E. 喷漆

正确答案：ABC

答案解析：见 GB 55034—2022　3.11.6

56. 依据 GB 55034—2022，在机械操作中，为确保安全和设备正常运行，操作人员应做到(　　)。

A. 按照机械使用说明书规定的技术性能操作

B. 根据个人经验灵活调整机械的使用条件

C. 严格按照机械的承载能力和使用条件操作

D. 可以适当超载、超速以提高作业效率

E. 不得擅自扩大机械的使用范围

正确答案：ACE

答案解析：见 GB 55034—2022　3.6.1

57. 依据 GB 55034—2022，在进行拆除作业时，应做到(　　)。

A. 拆除作业应从上至下逐层拆除

B. 拆除作业应分段垂直交叉作业

C. 上部结构拆除过程中，应确保剩余结构的稳定

D. 拆除建筑墙体时，应采用底部掏掘或推倒的方法

E. 应先拆除非承重结构，再拆除承重结构

正确答案：ACE

答案解析：见 GB 55034—2022　3.5.14

58. 依据 GB 55034—2022，严禁将(　　)向城市排水管道或地表水体排放。

A. 有毒物质　　B. 易燃易爆物品　　C. 酸碱性物质　　D. 办公生活区废水

E. 油类物质

正确答案：ABCE

答案解析：见 GB 55034—2022　4.0.5

59. 依据 GB 55034—2022，在特殊环境作业中，为确保作业人员的安全和健康，关于下列情况下的工作人员应配备特定的劳动防护用品的说法正确的有(　　)。

A. 在噪声环境下工作的人员应配备耳塞、耳罩或防噪声帽等

B. 进行地下管道、井、池等检查、检修作业的人员应配备防毒面具、防滑鞋和手套

C. 在有毒、有害环境中工作的人员应配备防毒面罩或面具

D. 冬期施工期间或作业环境温度较低时，应为作业人员配备防寒类防护用品

E. 冬期施工期间，应为室外作业人员配备雨衣、雨鞋等个人防护用品

正确答案：ABCD

答案解析：见 GB 55034—2022　6.0.13

60. 依据 GB 55034—2022，在桩基成孔施工过程中，遇到(　　)时，应立即采取相应的处理措施。

A. 未发现桩孔出现斜孔现象　　B. 观察到桩孔有弯孔情况

C. 检测到桩孔缩孔　　D. 发生塌孔或沿护筒周围冒浆

E. 施工区域地面出现沉陷迹象

正确答案：BCDE

答案解析：见 GB 55034—2022　3.5.6

61. 依据 GB 55034—2022，工程项目专项施工方案和应急预案应根据(　　)制定。

A. 工程类型　　B. 业主要求　　C. 环境地质条件　　D. 建筑意图

E. 工程实践

正确答案：ACE

答案解析：见 GB 55034—2022　2.0.1

62. 依据 GB 55034—2022，普通工在进行拆除工程作业时应配备(　　)。

A. 紧口工作服　　B. 保护足趾安全鞋　C. 防尘口罩　　D. 手套

E. 安全绳

正确答案：BD

答案解析：见 GB 55034—2022　6.0.7

63. 依据 GB 55034—2022，回填土应控制土料(　　)等参数。

A. 含水率　　B. 强度　　C. 分层压实厚度　　D. 粘土含量

E. 石子含量

正确答案：AC

答案解析：见 GB 55034—2022　3.5.8

64. 依据 GB 55034—2022，架子工、塔式起重机操作人员、起重吊装工应配备(　　)。

A. 灵便紧口的工作服　　B. 防滑鞋

C. 防护眼镜　　D. 工作手套

E. 工作帽

正确答案：AD

答案解析：见 GB 55034—2022　6.0.2

65. 依据 GB 55034—2022，施工现场应根据安全事故类型采取防护措施。对存在的安全问题和隐患，应(　　)组织整改。

A. 定目标　　B. 定方案　　C. 定人　　D. 定时间

E. 定措施

正确答案：CDE

答案解析：见 GB 55034—2022　3.1.3

66. 依据 GB 55034—2022，在使用易燃、易爆液体或气体容器时，如柴油、汽油、氧气瓶、乙炔气瓶、煤气罐等，应做到(　　)。

A. 轻拿轻放，严禁暴力抛掷　　B. 露天存放

C. 设置专门的存储场所　　D. 与管理人员用房共用

E. 严禁存放在住人用房

正确答案：ACE

答案解析：见 GB 55034—2022　3.11.1

67. 依据 GB 55034—2022，食堂应有(　　)，炊事人员应持有身体健康证。

A. 营业执照　　B. 卫生许可证　　C. 税务登记证　　D. 餐饮服务许可证

E. 房产证或房屋租赁合同

正确答案：BD

答案解析：见 GB 55034—2022　5.0.4

68. 依据 GB 55034—2022，在吊装作业中，应做到(　　)。

A. 吊装重量不得超过起重设备的额定起重量

B. 超载不超过 10%

C. 严禁斜拉物体进行吊装

D. 起吊前应明确物体的重量，不得起吊不明重量的物体

E. 不明重量的物体应先试吊

正确答案：ACD

答案解析：见 GB 55034—2022 3.4.3

69. 依据 GB 55034—2022，在地下施工作业中，当遇到（ ）施工环境时，应制定相应的防水、排水、降水、堵水及截水措施。

A. 富水地层 B. 岩溶发育地质

C. 采空区 D. 其他可能引发透水事故的

E. 严寒、寒冷的施工环境

正确答案：ABCD

答案解析：见 GB 55034—2022 3.13.1

70. 依据 GB 55034—2022，当桩基成孔施工中发现（ ）及地面沉陷等现象时，应及时采取处理措施。

A. 斜孔 B. 弯孔 C. 缩孔 D. 塌孔

E. 沿护筒周围冒浆

正确答案：ABCDE

答案解析：见 GB 55034—2022 3.5.6

71. 依据 GB 55034—2022，机械操作人员应按机械使用说明书规定的（ ）正确操作、合理使用机械。

A. 技术性能 B. 承载能力 C. 使用条件 D. 身体状况

E. 工作需要

正确答案：ABC

答案解析：见 GB 55034—2022 3.6.1

72. 依据 GB 55034—2022，机械上的各种（ ）应齐全有效，不得随意更换、调整或拆除。

A. 报警装置 B. 安全防护装置 C. 保险装置 D. 计量装置

E. 操控装置

正确答案：ABC

答案解析：见 GB 55034—2022 3.6.3

73. 依据 GB 55034—2022，施工现场生活区宿舍、休息室应设置足够的（ ）设施。

A. 娱乐 B. 通风 C. 排烟 D. 采光

E. 照明

正确答案：BDE

答案解析：见 GB 55034—2022　5.0.8

74. 依据 GB 55034—2022，应为从事(　　)等方面工作的作业人员，建立、健全职业卫生档案和健康监护档案，定期提供医疗咨询服务。

A. 起重　　B. 放射性　　C. 高毒　　D. 高危粉尘

E. 电气

正确答案：BCD

答案解析：见 GB 55034—2022　6.0.1

75. 依据 GB 55034—2022，电焊工、气割工应配备(　　)。

A. 紧口工作服　　B. 绝缘鞋　　C. 鞋盖　　D. 电焊手套

E. 焊接防护面罩

正确答案：BCDE

答案解析：见 GB 55034—2022　6.0.4

76. 依据 GB 55034—2022，机械操作装置应灵敏，各种仪表功能应完好，指示装置应(　　)。

A. 醒目　　B. 耐寒　　C. 直观　　D. 清晰

E. 耐热

正确答案：ACD

答案解析：见 GB 55034—2022　3.6.2

77. 依据 GB 55034—2022，房屋建筑工程深基坑采取直径为 1000mm 的钢筋混凝土桩支护，施工过程中，当出现(　　)情况时，应及时采取处理措施，处理后方可继续施工。

A. 基坑侧壁出现大量漏水　　B. 基坑底部出现管涌

C. 桩间土流失深度达到 300mm　　D. 周边建筑物变形值超过限值

E. 支护桩变形超过设计控制值

正确答案：ABDE

答案解析：见 GB 55034—2022　3.5.5

78. 依据 GB 55034—2022，建筑与市政施工现场环境管理应做到(　　)。

A. 严禁焚烧废弃物　　B. 施工区域不宜吸烟

C. 降低噪音影响　　D. 建筑垃圾必须封闭储存

E. 定期洒水抑尘

正确答案：ACE

答案解析：见 GB 55034—2022　4.0.2、4.0.3、4.0.4、4.0.8 及 4.0.9

79. 依据 GB 55034—2022，施工现场场地布置应采取满足施工生产、安全防护、消防、(　　)、防范自然灾害和规范化管理等要求的措施。

A. 人员数量　　B. 卫生防疫　　C. 环境保护　　D. 投资目标

E. 进度目标

正确答案：BC

答案解析：见 GB 55034—2022　2.0.3

80. 依据 GB 55034—2022，防水工进行沥青融化、运送作业时，应配备(　　)。

A. 防烫工作服　　B. 防静电鞋　　C. 防毒口罩　　D. 防静电手套

E. 防护眼镜

正确答案：ACE

答案解析：见 GB 55034—2022　6.0.9

81. 依据 GB 55034—2022，受限或密闭空间作业前，应对(　　)进行检测，当气体浓度超过安全允许值时，应停止作业。

A. 氧气　　B. 二氧化碳　　C. 通风情况　　D. 可燃性气体

E. 有毒有害气体

正确答案：ADE

答案解析：见 GB 55034—2022　3.9.3

82. 依据 GB 55034—2022，油漆工在进行砂纸打磨作业时，应配备(　　)。

A. 防静电手套　　B. 防毒口罩　　C. 防尘口罩　　D. 防护眼镜

E. 密闭式防护眼镜

正确答案：CE

答案解析：见 GB 55034—2022　6.0.6

83. 依据 GB 55034—2022，建筑与市政工程施工现场卫生管理应做到(　　)。

A. 办公区域应设置封闭的垃圾箱　　B. 办公生活区域定期消毒

C. 所有人员应持有健康证　　D. 配备足够有效的医疗和急救用品

E. 厕所粪便不宜直接排入雨水管网

正确答案：ABD

答案解析：见 GB 55034—2022　5.0.4、5.0.6、5.0.10、5.0.11 及 5.0.12

84. 依据 GB 55034—2022，施工现场吊装作业时应(　　)。

A. 安排专人监护　　B. 设置警示标识

C. 防止无关人员进入　　D. 设置安全保护区域

E. 严禁任何人在吊物或起重臂下停留或通过

正确答案：ACE

答案解析：见 GB 55034—2022　3.4.1

三、判断题

1. 依据 GB 55034—2022，边坡及基坑周边堆放材料、停放设备设施或使用机械设备等荷载严禁超过设计要求的地面荷载限值。(　　)

A. 对　　　　B. 错

正确答案：A

答案解析：见 GB 55034—2022　3.5.3

2. 依据 GB 55034—2022，吊装重量不应超过起重设备的最大起重量。(　　)

A. 对　　　　B. 错

正确答案：B

答案解析：见 GB 55034—2022　3.4.3

3. 依据 GB 55034—2022，施工现场的照明变压器应使用双绕组型安全隔离变压器。(　　)

A. 对　　　　B. 错

正确答案：A

答案解析：见 GB 55034—2022　3.10.4

4. 依据 GB 55034—2022，吊具承载时，不得超过设计荷载。(　　)

A. 对　　　　B. 错

正确答案：B

答案解析：见 GB 55034—2022　3.4.2

5. 依据 GB 55034—2022，饮用水系统与非饮用水系统之间宜进行间接连接。(　　)

A. 对　　　　B. 错

正确答案：B

答案解析：见 GB 55034—2022　5.0.2

6. 依据 GB 55034—2022，遇作业场所 4 级以上大风天气时，禁止高处作业。(　　)

A. 对　　　　B. 错

正确答案：B

答案解析：见 GB 55034—2022　3.2.6

7. 依据 GB 55034—2022，施工现场生活区宿舍、休息室应设置足够的通风、采光、照明设施。(　　)

A. 对　　　　B. 错

正确答案：A

答案解析：见 GB 55034—2022　5.0.8

8. 依据 GB 55034—2022，顶进作业前，应对施工范围内的既有线路进行加固。(　　)

A. 对　　　　B. 错

正确答案：A

答案解析：见 GB 55034—2022　3.7.4

9. 依据 GB 55034—2022，高处作业应制定合理的作业顺序。(　　)

A. 对　　　　B. 错

正确答案：A

答案解析：

10. 依据 GB 55034—2022，施工现场道路在特殊路段应设置反光柱、爆闪灯、转角灯等设施。(　　)

A. 对　　　　B. 错

正确答案：A

答案解析：见 GB 55034—2022　3.8.2

11. 依据 GB 55034—2022，停缓建工程项目复工前应进行安全鉴定。(　　)

A. 对　　　　B. 错

正确答案：B

答案解析：见 GB 55034—2022　2.0.8

12. 依据 GB 55034—2022，高温条件下，作业人员应正确佩戴个人防护用品。(　　)

A. 对　　　　B. 错

正确答案：A

答案解析：见 GB 55034—2022　3.15.1

13. 依据 GB 55034—2022，物料提升机必须使用摩擦式卷扬机。(　　)

A. 对　　　　B. 错

正确答案：B

答案解析：见 GB 55034—2022　3.4.4

14. 依据 GB 55034—2022，施工现场应设置排水沟及沉淀池，施工污水经沉淀处理后，也不得排入市政污水管网。(　　)

A. 对　　B. 错

正确答案：B

答案解析：见 GB 55034—2022　4.0.6

15. 依据 GB 55034—2022，饮用水系统与非饮用水系统之间不宜直接连接，必要时可以连接。(　　)

A. 对　　B. 错

正确答案：B

答案解析：见 GB 55034—2022　5.0.2

16. 依据 GB 55034—2022，锅炉、容器压力及管道安装工在地下或潮湿场所作业时，应配备紧口工作服、手套和绝缘鞋。(　　)

A. 对　　B. 错

正确答案：B

答案解析：

17. 依据 GB 55034—2022，大型起重机械严禁在雨、雪等低能见度天气时进行安装拆卸作业。(　　)

A. 对　　B. 错

正确答案：A

答案解析：见 GB 55034—2022　3.4.7

18. 依据 GB 55034—2022，施工现场生活区场地应进行硬化和绿化，并应设置有效的排水设施。(　　)

A. 对　　B. 错

正确答案：A

答案解析：见 GB 55034—2022　2.0.4

19. 依据 GB 55034—2022，施工现场应配备充足有效的医疗和急救用品，且应保障在需要时方便取用。(　　)

A. 对　　B. 错

正确答案：A

答案解析：见 GB 55034—2022　5.0.12

20. 依据 GB 55034—2022，施工用电的发电机组电源应与其他电源互相闭锁、并列运行。(　　)

A. 对　　B. 错

正确答案：B

答案解析：见 GB 55034—2022　3.10.2

21. 依据 GB 55034—2022，防水工进行涂刷作业时，应配备防静电工作服、防静电鞋和鞋盖、防护手套、防尘口罩和防护眼镜。(　　)

A. 对　　B. 错

正确答案：B

答案解析：见 GB 55034—2022　6.0.9

22. 依据 GB 55034—2022，进行可能飞溅渣屑的机械设备作业时，应配备防护眼镜。(　　)

A. 对　　B. 错

正确答案：A

答案解析：见 GB 55034—2022　6.0.12

23. 依据 GB 55034—2022，施工现场用电的共用接地装置的电阻值应满足各种接地的最大电阻值的要求。(　　)

A. 对　　B. 错

正确答案：B

答案解析：见 GB 55034—2022　3.10.1

24. 依据 GB 55034—2022，施工现场出口应设冲洗台和沉淀池。(　　)

A. 对　　B. 错

正确答案：B

答案解析：见 GB 55034—2022　4.0.2

25. 依据 GB 55034—2022，施工现场和生活区应设置保障施工人员个人生活需要的设施。(　　)

A. 对　　B. 错

正确答案：B

答案解析：见 GB 55034—2022　5.0.7

26. 依据 GB 55034—2022，各类设施必须具备制造许可证。(　　)

A. 对　　B. 错

正确答案：B

答案解析：见 GB 55034—2022　2.0.7

27. 依据 GB 55034—2022，电焊工、气割工在进行酸碱腐蚀性作业时，应配备防腐蚀性工作服、耐酸碱胶鞋、耐酸碱手套、防护口罩和防护眼镜。(　　)

A. 对　　　　B. 错

正确答案：A

答案解析：见 GB 55034—2022　6.0.4

28. 依据 GB 55034—2022，电梯、起重机械安装拆卸工进行安装、拆卸和维修作业时，应配备紧口工作服、保护足趾安全鞋和手套。(　　)

A. 对　　　　B. 错

正确答案：A

答案解析：见 GB 55034—2022　6.0.11

29. 依据 GB 55034—2022，普通工在进行淋灰、筛灰作业时，应配备高腰工作鞋、鞋盖、手套和防尘口罩。(　　)

A. 对　　　　B. 错

正确答案：A

答案解析：见 GB 55034—2022　6.0.7

30. 依据 GB 55034—2022，爆破作业的起爆信号发出后即可下令起爆。(　　)

A. 对　　　　B. 错

正确答案：B

答案解析：见 GB 55034—2022　3.12.3

31. 依据 GB 55034—2022，电气设备检修、线路维修时，必要时可带电作业。(　　)

A. 对　　　　B. 错

正确答案：B

答案解析：见 GB 55034—2022　3.10.5

32. 依据 GB 55034—2022，拆除作业应从两端向中间依次拆除。(　　)

A. 对　　　　B. 错

正确答案：B

答案解析：见 GB 55034—2022　3.5.14

33. 依据 GB 55034—2022，施工现场应根据施工人员数量设置厕所。(　　)

A. 对　　　　B. 错

正确答案：A

答案解析：见 GB 55034—2022　5.0.6

34. 依据 GB 55034—2022，水上或水下作业人员，均应正确佩戴救生设施。(　　)

A. 对　　　　B. 错

正确答案：A

答案解析：见 GB 55034—2022　3.14.2

35. 依据 GB 55034—2022，不得在外电架空线路正下方施工，但可以堆放构件、架具、材料及其他杂物。(　　)

A. 对　　　　B. 错

正确答案：B

答案解析：见 GB 55034—2022　3.1.4

36. 依据 GB 55034—2022，施工现场物料、物品等应整齐堆放，且应入库。(　　)

A. 对　　　　B. 错

正确答案：B

答案解析：见 GB 55034—2022　3.5.11

37. 依据 GB 55034—2022，盾构机气压作业时，应通过计算和试验确定开挖仓内气压，确保地层条件满足气体保压的要求。(　　)

A. 对　　　　B. 错

正确答案：A

答案解析：见 GB 55034—2022　3.13.2

38. 依据 GB 55034—2022，食堂应有营业执照和卫生许可证。(　　)

A. 对　　　　B. 错

正确答案：B

答案解析：见 GB 55034—2022　5.0.4

39. 依据 GB 55034—2022，回填土严禁使用淤泥、沼泽土、泥炭土、冻土、有机土或含生活垃圾的土。(　　)

A. 对　　　　B. 错

正确答案：A

答案解析：见 GB 55034—2022　3.5.8

40. 依据 GB 55034—2022，施工现场应配备足够有效的生活和医疗用品，并应保障在需要时方便取用。(　　)

A. 对　　　　B. 错

正确答案：B

答案解析：见 GB 55034—2022　5.0.12

41. 依据 GB 55034—2022，边坡坡顶、基坑顶部及底部可以根据施工季节情况选择是否采取截水或排水措施。(　　)

A. 对　　　　B. 错

正确答案：B

答案解析：见 GB 55034—2022　3.5.2

42. 依据 GB 55034—2022，作业人员可以在固定的管道上进行作业或通行。(　　)

A. 对　　　　B. 错

正确答案：B

答案解析：见 GB 55034—2022　3.2.4

43. 依据 GB 55034—2022，吊装作业严禁起吊不明重量的物体。(　　)

A. 对　　　　B. 错

正确答案：A

答案解析：见 GB 55034—2022　3.4.3

44. 依据 GB 55034—2022，收集、储存、运输或装卸建筑垃圾时应采取封闭措施或其他防护措施。(　　)

A. 对　　　　B. 错

正确答案：A

答案解析：见 GB 55034—2022　4.0.3

45. 依据 GB 55034—2022，粘结预应力结构拆除时，应先解除预应力，再拆除相应结构。(　　)

A. 对　　　　B. 错

正确答案：B

答案解析：见 GB 55034—2022　3.3.5

46. 依据 GB 55034—2022，对临时固定的构件，在安装固定完成后即可解除临时固定措施。(　　)

A. 对　　　　B. 错

正确答案：B

答案解析：见 GB 55034—2022　3.4.6

47. 依据 GB 55034—2022，无粘结预应力结构拆除时，应先拆除相应结构，再解除预应力。(　　)

A. 对　　　　B. 错

正确答案：B

答案解析：见 GB 55034—2022　3.3.5

48. 依据 GB 55034—2022，办公区和生活区应定期检查，当遇突发疫情时，应及时上报，并应按卫生防疫部门相关规定进行处理。(　　)

A. 对　　　　B. 错

正确答案：B

答案解析：见 GB 55034—2022　5.0.10

49. 依据 GB 55034—2022，施工现场应在安全位置设置临时吸烟点。(　　)

A. 对　　　　B. 错

正确答案：B

答案解析：见 GB 55034—2022　4.0.9

50. 依据 GB 55034—2022，手持式灯具应采用供电电压不大于 32V 的安全特低电压（SELV）供电。(　　)

A. 对　　　　B. 错

正确答案：B

答案解析：见 GB 55034—2022　3.10.4

51. 依据 GB 55034—2022，施工车辆运输危险物品时应在车身喷涂警示标识。(　　)

A. 对　　　　B. 错

正确答案：B

答案解析：见 GB 55034—2022　3.8.1

52. 依据 GB 55034—2022，吊装作业时，对未形成稳定体系的部分，应采取临时固定措施。(　　)

A. 对　　　　B. 错

正确答案：A

答案解析：见 GB 55034—2022　3.4.6

53. 依据 GB 55034—2022，各类设备必须具备制造许可证。(　　)

A. 对　　B. 错

正确答案：B

答案解析：见 GB 55034—2022　2.0.7

54. 依据 GB 55034—2022，在高处拆卸作业时，拆卸的施工材料，严禁抛掷。(　　)

A. 对　　B. 错

正确答案：A

答案解析：见 GB 55034—2022　3.3.2

55. 依据 GB 55034—2022，施工现场食品加工、准备、处理、清洗和储存过程应生熟分开。(　　)

A. 对　　B. 错

正确答案：B

答案解析：见 GB 55034—2022　5.0.5

56. 依据 GB 55034—2022，拆卸的施工材料、机具、构件、配件等，应运至地面或抛掷地面。(　　)

A. 对　　B. 错

正确答案：B

答案解析：见 GB 55034—2022　3.3.2

57. 依据 GB 55034—2022，在高处安装构件、部件、设施时，应采取可靠的临时固定措施。(　　)

A. 对　　B. 错

正确答案：A

答案解析：见 GB 55034—2022　3.3.1

58. 依据 GB 55034—2022，领取和使用有毒物品时，应实行双人双重责任制。(　　)

A. 对　　B. 错

正确答案：A

答案解析：见 GB 55034—2022　3.9.1

59. 依据 GB 55034—2022，施工升降设备的行程限位开关可以作为停止运行的控制开关。(　　)

A. 对　　B. 错

正确答案：B

答案解析：见 GB 55034—2022　3.4.5

60. 依据 GB 55034—2022，进行地下管道、井、池作业时，应配备防尘口罩、防滑鞋和手套。(　　)

A. 对　　B. 错

正确答案：B

答案解析：见 GB 55034—2022　6.0.13

61. 依据 GB 55034—2022，受限或密闭空间作业前，应按照有毒有害气体、可燃性气体、氧气的顺序进行气体检测。(　　)

A. 对　　B. 错

正确答案：B

答案解析：见 GB 55034—2022　3.9.3

62. 依据 GB 55034—2022，基坑回填应在具有挡土功能的结构强度达到设计要求后进行。(　　)

A. 对　　B. 错

正确答案：A

答案解析：见 GB 55034—2022　3.5.7

63. 依据 GB 55034—2022，施工现场应编制噪声污染防治工作方案并积极落实。(　　)

A. 对　　B. 错

正确答案：A

答案解析：见 GB 55034—2022　4.0.8

64. 依据 GB 55034—2022，信号指挥工应配备专用标识服装，在强光环境条件作业时，应配备防护口罩。(　　)

A. 对　　B. 错

正确答案：B

答案解析：见 GB 55034—2022　6.0.2

65. 依据 GB 55034—2022，危险废物应纳入建筑垃圾填埋场。(　　)

A. 对　　B. 错

正确答案：B

答案解析：见 GB 55034—2022　4.0.7

66. 依据 GB 55034—2022，钳工、铆工、通风工进行搬抬作业时，应配备保护足趾安全鞋和垫肩。(　　)

A. 对　　　　B. 错

正确答案：B

答案解析：见 GB 55034—2022　6.0.10

67. 依据 GB 55034—2022，施工现场严禁熔融沥青及焚烧有毒有害物质。(　　)

A. 对　　　　B. 错

正确答案：A

答案解析：见 GB 55034—2022　4.0.4

68. 依据 GB 55034—2022，严禁将危险废物送入建筑垃圾资源化处理厂处理。(　　)

A. 对　　　　B. 错

正确答案：A

答案解析：见 GB 55034—2022　4.0.7

69. 依据 GB 55034—2022，各类设施、设备应具备制造许可证或其他质量证明文件。(　　)

A. 对　　　　B. 错

正确答案：A

答案解析：见 GB 55034—2022　2.0.7

70. 依据 GB 55034—2022，各类操作平台的施工作业荷载严禁超过其设计荷载。(　　)

A. 对　　　　B. 错

正确答案：A

答案解析：见 GB 55034—2022　3.2.5

71. 依据 GB 55034—2022，吊装作业前应设置安全保护区域及警示标识。(　　)

A. 对　　　　B. 错

正确答案：A

答案解析：见 GB 55034—2022　3.4.1

72. 依据 GB 55034—2022，施工污水应经消毒处理后，方可排入市政污水管网。(　　)

A. 对　　　　B. 错

正确答案：B

答案解析：见 GB 55034—2022　4.0.6

73. 依据 GB 55034—2022，输送可燃气体的金属管道可作为电气设备的保护接地导体。(　　)

A. 对　　　　B. 错

正确答案：B

答案解析：见 GB 55034—2022　3.11.2

74. 依据 GB 55034—2022，安装电工应配备手套和防护眼镜。(　　)

A. 对　　　　B. 错

正确答案：A

答案解析：见 GB 55034—2022　6.0.3

75. 依据 GB 55034—2022，起重机械最高处的风速超过 6.0m/s 时，应停止起重机安装拆卸作业。(　　)

A. 对　　　　B. 错

正确答案：B

答案解析：见 GB 55034—2022　3.4.7

76. 依据 GB 55034—2022，普通工在进行抬、扛物料作业时，应配备紧口工作服和手套。(　　)

A. 对　　　　B. 错

正确答案：B

答案解析：见 GB 55034—2022　6.0.7

77. 依据 GB 55034—2022，混凝土强度应达到规定要求后，方可拆除模板和支架。(　　)

A. 对　　　　B. 错

正确答案：A

答案解析：见 GB 55034—2022　3.5.10

78. 依据 GB 55034—2022，手持式灯具应采用供电电压不大于 18V 的安全特低电压（SELV）供电。(　　)

A. 对　　　　B. 错

正确答案：B

答案解析：见 GB 55034—2022　3.10.4

79. 依据 GB 55034—2022，施工用电的发电机组电源应与其他电源互相闭

锁。(　　)

A. 对　　　　B. 错

正确答案：A

答案解析：见 GB 55034—2022　3.10.2

80. 依据 GB 55034—2022，土方开挖的顺序、方法应与设计工况相一致，严禁超挖。(　　)

A. 对　　　　B. 错

正确答案：A

答案解析：见 GB 55034—2022　3.5.1

81. 依据 GB 55034—2022，设备、管道内部涂装和衬里作业时，可燃性气体、蒸汽和粉尘浓度应控制在可燃烧极限和爆炸下限。(　　)

A. 对　　　　B. 错

正确答案：B

答案解析：见 GB 55034—2022　3.11.5

82. 依据 GB 55034—2022，安全通道上方应搭设防护设施，防护设施应具备抗高处坠物冲击的性能。(　　)

A. 对　　　　B. 错

正确答案：B

答案解析：见 GB 55034—2022　3.3.4

83. 依据 GB 55034—2022，施工现场内裸露的场地和集中堆放的土方应采取覆盖、硬化措施。(　　)

A. 对　　　　B. 错

正确答案：B

答案解析：见 GB 55034—2022　4.0.1

84. 依据 GB 55034—2022，施工现场食堂应设置自然通风良好的制作间、储藏间。(　　)

A. 对　　　　B. 错

正确答案：B

答案解析：见 GB 55034—2022　5.0.3

85. 依据 GB 55034—2022，拆除建筑时应先拆除承重结构，再拆除非承重结构。(　　)

A. 对　　　　B. 错

正确答案：B

答案解析：见 GB 55034—2022　3.5.14

86. 依据 GB 55034—2022，当管道水压试验中发现缺陷时，应待试验压力降至大气压后处理。(　　)

A. 对　　B. 错

正确答案：B

答案解析：见 GB 55034—2022　3.11.4

87. 依据 GB 55034—2022，可以在外电架空线路正下方施工、吊装、搭设作业棚、建造生活设施。(　　)

A. 对　　B. 错

正确答案：B

答案解析：见 GB 55034—2022　3.1.4

88. 依据 GB 55034—2022，办公区和生活区应设置封闭的生活垃圾箱，生活垃圾应及时投放，收集的垃圾应及时清运。(　　)

A. 对　　B. 错

正确答案：B

答案解析：见 GB 55034—2022　5.0.11

89. 依据 GB 55034—2022，锅炉、压力容器及管道安装工应配备紧口工作服和保护足趾安全鞋。(　　)

A. 对　　B. 错

正确答案：A

答案解析：见 GB 55034—2022　6.0.5

90. 依据 GB 55034—2022，物料提升机严禁使用摩擦式卷扬机。(　　)

A. 对　　B. 错

正确答案：A

答案解析：见 GB 55034—2022　3.4.4

91. 依据 GB 55034—2022，磨石工应配备紧口工作服、防水胶鞋和防尘口罩。(　　)

A. 对　　B. 错

正确答案：B

答案解析：见 GB 55034—2022　6.0.8

92. 依据 GB 55034—2022，拆除建筑墙体时，宜采用底部掏掘或推倒的方法。(　　)

A. 对　　B. 错

正确答案：B

答案解析：见 GB 55034—2022　3.5.14

93. 依据 GB 55034—2022，雨季施工期间，应为作业人员配备雨衣、雨鞋等个人防护用品。(　　)

A. 对　　B. 错

正确答案：B

答案解析：见 GB 55034—2022　6.0.13

94. 依据 GB 55034—2022，恶劣天气条件下，严禁进行爆破作业。(　　)

A. 对　　B. 错

正确答案：A

答案解析：见 GB 55034—2022　3.12.5

95. 依据 GB 55034—2022，电焊工、气割工在高空作业时，应配备安全帽与面罩连接式焊接防护面罩和防护口罩。(　　)

A. 对　　B. 错

正确答案：B

答案解析：见 GB 55034—2022　6.0.4

96. 依据 GB 55034—2022，施工现场应在安全位置设置临时休息点。施工区域禁止吸烟。(　　)

A. 对　　B. 错

正确答案：A

答案解析：见 GB 55034—2022　4.0.9

97. 依据 GB 55034—2022，电工在进行高压电气作业时，应配备相应等级的绝缘鞋、手套和有色防护眼镜。(　　)

A. 对　　B. 错

正确答案：B

答案解析：见 GB 55034—2022　6.0.3

98. 依据 GB 55034—2022，施工现场应根据场地情况合理设置临时饮水点。(　　)

A. 对　　B. 错

正确答案：B

答案解析：见 GB 55034—2022　5.0.1

99. 依据 GB 55034—2022，在高处拆除或拆卸作业时，严禁上下同时进行。（　　）

A. 对　　B. 错

正确答案：A

答案解析：见 GB 55034—2022　3.3.2

100. 依据 GB 55034—2022，建筑施工临时结构应保证在设计使用工况下保持整体强度。（　　）

A. 对　　B. 错

正确答案：B

答案解析：见 GB 55034—2022　3.5.13

101. 依据 GB 55034—2022，施工升降设备应使用行程限位开关作为停止运行的控制开关。（　　）

A. 对　　B. 错

正确答案：B

答案解析：见 GB 55034—2022　3.4.5

102. 依据 GB 55034—2022，当场地内开挖的槽、坑、沟、池等积水深度超过 1.0m 时，应采取安全防护措施。（　　）

A. 对　　B. 错

正确答案：B

答案解析：见 GB 55034—2022　3.14.1

103. 依据 GB 55034—2022，油漆工在进行砂纸打磨作业时，应配备防尘口罩和防尘眼镜。（　　）

A. 对　　B. 错

正确答案：B

答案解析：见 GB 55034—2022　6.0.6

104. 依据 GB 55034—2022，施工现场生活区应设置门卫室，并在出入大门处配有专职门卫。（　　）

A. 对　　B. 错

正确答案：A

答案解析：见 GB 55034—2022　2.0.4

105. 依据 GB 55034—2022，钳工、铆工、通风工进行石棉、玻璃棉等含尘毒材料作业时，应配备防异物工作服、防毒口罩、风帽、风镜和手套。(　　)

A. 对　　B. 错

正确答案：B

答案解析：见 GB 55034—2022　6.0.10

106. 依据 GB 55034—2022，具有腐蚀性的酸、碱、盐、有机物等应妥善储存、保管和使用，使用场所应有隔离措施。(　　)

A. 对　　B. 错

正确答案：B

答案解析：见 GB 55034—2022　3.15.3

107. 依据 GB 55034—2022，工程项目应根据工程特点制定各项安全生产管理制度，建立健全质量管理体系。(　　)

A. 对　　B. 错

正确答案：B

答案解析：见 GB 55034—2022　3.1.1

108. 依据 GB 55034—2022，应为从事高空工作的作业人员，建立、健全职业卫生档案和健康监护档案，定期提供医疗咨询服务。(　　)

A. 对　　B. 错

正确答案：B

答案解析：见 GB 55034—2022　6.0.1

109. 依据 GB 55034—2022，严禁多层垂直作业。(　　)

A. 对　　B. 错

正确答案：B

答案解析：见 GB 55034—2022　3.2.2

110. 依据 GB 55034—2022，施工现场应根据安全事故类型采取防护措施。(　　)

A. 对　　B. 错

正确答案：A

答案解析：见 GB 55034—2022　3.1.3

111. 依据 GB 55034—2022，防水工进行沥青熔化、运送作业时，应配备防烫工作服、防滑鞋和鞋盖、耐高温长手套、防尘口罩和防护眼镜。(　　)

A. 对　　B. 错

正确答案：B

答案解析：见 GB 55034—2022　6.0.9

112. 依据 GB 55034—2022，严禁将有毒物质、易燃易爆物品、油类、酸碱类物质向城市排水管道或地表水体排放。(　　)

A. 对　　　　B. 错

正确答案：A

答案解析：见 GB 55034—2022　4.0.5

113. 依据 GB 55034—2022，停缓建工程项目应做好停工期间的安全保障工作，复工前无须进行检查。(　　)

A. 对　　　　B. 错

正确答案：B

答案解析：见 GB 55034—2022　2.0.8

114. 依据 GB 55034—2022，预应力结构张拉时，预应力端头应采取防护措施，且垂直于轴线方向不应有施工作业人员。(　　)

A. 对　　　　B. 错

正确答案：B

答案解析：见 GB 55034—2022　3.3.5

115. 依据 GB 55034—2022，拆除框架结构填充墙体，在高度不超过 1.0m 时，可以采取推倒的方法。(　　)

A. 对　　　　B. 错

正确答案：B

答案解析：见 GB 55034—2022　3.5.14

116. 依据 GB 55034—2022，爆破作业前应确定爆破警戒范围，必须在人员、机械、车辆全部撤离后方可起爆。(　　)

A. 对　　　　B. 错

正确答案：B

答案解析：见 GB 55034—2022　3.12.2

117. 依据 GB 55034—2022，施工现场厕所应定期清扫、消毒，厕所粪便严禁排入市政污水管网。(　　)

A. 对　　　　B. 错

正确答案：B

答案解析：见 GB 55034—2022　5.0.6

118. 依据 GB 55034—2022，进场材料应具备质量证明文件，其品种、规格及性能仅应满足使用要求。(　　)

A. 对　　B. 错

正确答案：B

答案解析：见 GB 55034—2022　2.0.6

119. 依据 GB 55034—2022，从事放射性方面工作的作业人员，应有职业卫生档案和健康监护档案，并应得到定期医疗咨询服务。(　　)

A. 对　　B. 错

正确答案：A

答案解析：见 GB 55034—2022　6.0.1

120. 依据 GB 55034—2022，施工车辆运输有毒、易燃易爆物品时，应悬挂警示牌。(　　)

A. 对　　B. 错

正确答案：A

答案解析：见 GB 55034—2022　3.8.1

121. 依据 GB 55034—2022，房屋建筑与市政工程施工现场生活区应制定法定传染病、食物中毒、急性职业中毒等突发疾病应急预案。(　　)

A. 对　　B. 错

正确答案：A

答案解析：见 GB 55034—2022　2.0.4

122. 依据 GB 55034—2022，施工现场和生活区应设置保障施工人员个人卫生需要的设施。(　　)

A. 对　　B. 错

正确答案：A

答案解析：见 GB 55034—2022　5.0.7

123. 依据 GB 55034—2022，无粘结预应力结构拆除时，应先解除预应力，再拆除相应结构。(　　)

A. 对　　B. 错

正确答案：A

答案解析：见 GB 55034—2022　3.3.5

124. 依据 GB 55034—2022，房屋建筑与市政施工现场开挖的沟、槽、坑、池等积水深度超过 0.5m 时，应采取安全防护措施。(　　)

A. 对　　B. 错

正确答案：A

答案解析：见 GB 55034—2022　3.14.1

125. 依据 GB 55034—2022，在施工区域的安全位置的临时休息点可以抽烟。(　　)

A. 对　　B. 错

正确答案：B

答案解析：见 GB 55034—2022　4.0.9

126. 依据 GB 55034—2022，在噪声环境下工作的人员应配备耳塞、耳罩或防噪声帽等防护用品。(　　)

A. 对　　B. 错

正确答案：A

答案解析：见 GB 55034—2022　6.0.13

127. 依据 GB 55034—2022，施工现场应在主要施工部位、作业层面、危险区域以及主要通道口设置安全警示标识。(　　)

A. 对　　B. 错

正确答案：A

答案解析：见 GB 55034—2022　3.1.2

四、问答题

1. 依据 GB 55034—2022，盾构掘进中遇有哪些情况时应停止掘进?

正确答案

盾构掘进中遇有下列情况时，应停止掘进：1）盾构前方地层发生坍塌或遇有障碍；2）盾构自转角度超出允许范围；3）盾构位置偏离超出允许范围；4）盾构推力增大超出预计范围；5）管片防水、运输及注浆等过程发生故障。

答案解析：见 GB 55034—2022　3.7.3

2. 依据 GB 55034—2022，施工现场哪些场所地面应全部进行硬化处理?

正确答案

施工现场以下场所地面应全部进行硬化处理：1）主要通道；2）进出道路；3）材料加工区；4）办公生活区。

答案解析：见 GB 55034—2022　4.0.1

3. 依据 GB 55034—2022，钳工、铆工、通风工配备劳动防护用品应符合哪些规定?

正确答案

应符合以下规定：1）使用锉刀、刮刀、錾子、扁铲等工具进行作业时，应配备紧口工作服和防护眼镜；2）进行剔凿作业时，应配备手套和防护眼镜；3）进行搬抬作业时，应配备保护足趾安全鞋和手套；4）进行石棉、玻璃棉等含尘毒材料作业时，应配备防异物工作服、防尘口罩、风帽、风镜和薄膜手套。

答案解析：见 GB 55034—2022 6.0.10

4. 依据 GB 55034—2022，施工现场生活区应符合哪些规定?

正确答案

施工现场生活区应符合下列规定：1）围挡应采用可循环、可拆卸、标准化的定型材料，且高度不得低于 1.8m；2）应设置门卫室、宿舍、厕所等临建房屋，配备满足人员管理和生活需要的场所和设施；场地应进行硬化和绿化，并应设置有效的排水设施；3）出入大门处应有专职门卫，并应实行封闭式管理；4）应制定法定传染病、食物中毒、急性职业中毒等突发疾病应急预案。

答案解析：见 GB 55034—2022 2.0.4

5. 依据 GB 55034—2022，施工现场的特殊场所照明应符合哪些规定?

正确答案

施工现场的特殊场所照明应符合下列规定：1）手持式灯具应采用供电电压不大于 36V 的安全特低电压（SELV）供电；2）照明变压器应使用双绕组型安全隔离变压器，严禁采用自耦变压器；3）安全隔离变压器严禁带入金属容器或金属管道内使用。

答案解析：见 GB 55034—2022 3.10.4

6. 依据 GB 55034—2022，使用吊具和索具应符合哪些规定?

正确答案

使用吊具和索具应符合下列规定：1）吊具和索具的性能、规格应满足吊运要求，并与环境条件相适应；2）作业前应对吊具与索具进行检查，确认完好后方可投入使用；3）承载时不得超过额定荷载。

答案解析：见 GB 55034—2022 3.4.2

7. 依据 GB 55034—2022，何谓“四口”防护、“五临边”防护?

正确答案

1）“四口”防护即在建工程的预留洞口、通道口、楼梯口、电梯井口等孔洞安全防护设施；2）“五临边”防护即无围护设施或围护设施高度低于 1.2m 的楼层周边、楼梯侧边、平台或阳台边、屋面周边和沟、坑、槽等边沿的安全防护设施。

答案解析：见 GB 55034—2022 3.2.3

8. 依据 GB 55034—2022，对于食堂有哪些卫生管理要求?

正确答案

1）应设置独立的制作间、储藏间，配备必要的排风和冷藏设施；2）应制定食品留样制度并严格执行；3）应有餐饮服务许可证和卫生许可证，炊事人员应持有身体健康证；4）应选择满足安全卫生标准的食品，且食品加工、准备、处理、清洗和储存过程无污染、无毒害。

答案解析：见 GB 55034—2022　5.0.3、5.0.4 及 5.0.5

9. 依据 GB 55034—2022，电工配备劳动防护用品应符合哪些规定?

正确答案

应符合以下规定：1）维修电工应配备绝缘鞋、绝缘手套和灵便紧口的工作服；2）安装电工应配备手套和防护眼镜；3）高压电气作业时，应配备相应等级的绝缘鞋、绝缘手套和有色防护眼镜。

答案解析：见 GB 55034—2022　6.0.3

10. 依据 GB 55034—2022，哪些情况下严禁进行爆破作业?

正确答案

有下列情况之一时，严禁进行爆破作业：1）爆破可能导致不稳定边坡、滑坡、崩塌等危险；2）爆破可能危及建（构）筑物、公共设施或人员的安全；3）危险区边界未设警戒的；4）恶劣天气条件下。

答案解析：见 GB 55034—2022　3.12.5

11. 依据 GB 55034—2022，当基坑出现哪些现象时，应及时采取处理措施，处理后方可继续施工?

正确答案

当基坑出现下列现象时，应及时采取处理措施，处理后方可继续施工：1）支护结构或周边建筑物变形值超过设计变形控制值；2）基坑侧壁出现大量漏水、流土，或基坑底部出现管涌；3）桩间土流失孔洞深度超过桩径。

答案解析：见 GB 55034—2022　3.5.5